石油化工知识简明读本

曹湘洪　主编

U0263393

中国石化出版社

内 容 提 要

本书全面系统地介绍了石油化学工业基本知识,内容包括:原油的性质及分类、炼油主要产品、炼油厂类型、工艺装置、石油化工原料、主要工艺工程及产品、现代煤化工、天然气化工、污染物防治等。

本书由长期从事石油化工研究及生产的专家撰写,具有科普性、知识性、实用性,旨在帮助社会大众简明快速地了解石油化工行业,也可作为石油化工生产管理及操作人员的培训教材。

图书在版编目(CIP)数据

石油化工知识简明读本 / 曹湘洪主编 . —北京:
中国石化出版社,2018.4 (2024.8重印)
ISBN 978-7-5114-4838-5

Ⅰ. ①石… Ⅱ. ①曹… Ⅲ. ①石油化工-基本知识
Ⅳ. ①TE65

中国版本图书馆 CIP 数据核字(2018)第 054094 号

中国石化出版社出版发行
地址:北京市东城区安定门外大街 58 号
邮编:100011 电话:(010)57512500
发行部电话:(010)57512575
http://www. sinopec-press. com
E-mail:press@ sinopec. com
北京富泰印刷有限责任公司印刷
全国各地新华书店经销

*

710×1000 毫米 16 开本 7.75 印张 67 千字
2018年4月第1版 2024年8月第4次印刷
定价:22.00 元

本书编写组

主　编：曹湘洪

参　编：王子康　黄志华　张正威　赵　怡　刘跃文

　　　　张国艳　任翠霞　田　曦　许　倩　熊　云

　　　　万　云　付春雨　郑智先

前　　言

　　炼油工业和石油化学工业是重要的基础性产业，炼油工业为经济社会发展提供着大量的二次能源，石油化学工业为经济社会发展提供着用途广泛的三大合成材料和各种有机化学品。

　　炼油工业及石油化学工业都是主要以石油为原料的产业，因生产过程和主要的目的产品不同，而分别称谓。炼油是石油炼制加工生产各种燃料油、润滑油、石蜡、沥青、焦炭等石油产品的工业过程；石油化工是利用天然气中的乙烷、凝析液及石油炼制得到的部分馏分油等为原料，通过一系列加工过程生产基本有机原料和三大合成材料的工业过程。两者生产过程紧密关联，炼油为石油化工提供原料，也可副产丙烯等基本有机原料，石油化工的一些副产品如氢气、液化气、加氢后的裂解汽油又可以成为炼油过程的原料或主要石油产品——汽柴油的调和组分；炼油工业及石油化学工业经常使用同类工程技术及装备。当石油化学工业主要以石油中性能符合要求的馏分油为原料时，石油化工生产厂一般应与炼油厂一体化规划和建设，炼化一体化的工厂通过原料、主副产品、能量交互利用和优化，有利增强竞争力。鉴于现代化的炼油厂和石油化工厂经常一体化布局，人们习惯上把它们都称为石油化学工业。

近十年来，以煤为原料生产油品和石油化工产品的工业在我国快速发展，为了区别对待传统的以煤为原料生产合成氨等化工产品的工业过程，称之为现代煤化工。

习近平同志在十九大报告中提出要"弘扬科学精神，普及科学知识"。根据这个要求，旨在推广和普及石油化工行业的科学知识，我们组织编写了《石油化工知识简明读本》，想给那些非专业的、想对石油化工有一个基本了解的人们提供一本容易读懂看明白的书籍。简明读本对石油化工的主要部分：炼油、石油化工、现代煤化工以及石油化工环保做了简要介绍。欢迎读者对简明读本提出意见和建议，希望我们的目的能够达到。

2018. 3

目　　录

第一部分　炼　　油

一、原油的性质及分类 ……………………………………（ 1 ）

二、炼油主要产品 …………………………………………（ 4 ）

三、炼油厂类型 ……………………………………………（ 11 ）

四、工艺装置及产品 ………………………………………（ 16 ）

五、炼油厂流程优化 ………………………………………（ 38 ）

第二部分　石 油 化 工

一、原料 ……………………………………………………（ 45 ）

二、主要工艺过程及产品 …………………………………（ 47 ）

第三部分　现代煤化工及天然气化工

一、现代煤化工 ……………………………………………（ 82 ）

二、天然气化工 ……………………………………………（ 90 ）

第四部分 石油化工环保

一、大气污染物防治 …………………………………………（ 94 ）

二、水污染防治 ………………………………………………（ 102 ）

三、固体废物污染防治 ………………………………………（ 111 ）

四、土壤和地下水污染防治 …………………………………（ 113 ）

第一部分 炼 油

石油炼制过程简称"炼油"，是以石油为原料，生产汽油、喷气燃料、柴油等燃料油以及石脑油、芳烃、润滑油、石油蜡、石油沥青、石油焦等各种石油产品和石油化工基本原料的过程。

一、原油的性质及分类

1. 原油的性质

原油是来自地层深处可燃的黏稠液体，绝大多数是黑色，也有一些呈暗黑、暗绿、暗褐色，还有一些呈赤褐、浅黄，乃至无色。在性质或是化学组成上，与人们常见的动、植物油明显不同，它又被称为矿物油。

原油性质一般采用比重指数、硫氮含量、酸值、金属含量、密度、凝点、黏度等指标来表征。原油的密度一般小于 $1000kg/m^3$，介于 $800\sim980kg/m^3$，但也有例外。原油的凝点也有高有低，与原油中的蜡含量有关。原油 $50℃$ 运动黏度一般在 $20\sim100mm^2/s$，由于组成不同，特别是胶质沥青质含量和轻组分含量的影响，黏度的差别也十分悬殊。

原油主要是分子大小不同的烷烃、环烷烃、芳烃等碳氢化合物组成的复杂混合物，其中碳占83%～87%，氢占10%～

14%，二者合计占 96%~99%。原油中还会含有硫、氮、氧的有机化合物及少量金属有机化合物。

2. 原油的分类

原油的密度、组成，原油中硫、氮、氧及金属有机化合物含量都会影响炼油过程、产品收率和经济性。炼油过程必须和原油性质相匹配，有必要根据原油的性质对其进行分类。

（1）原油密度分类法

根据原油相对密度大小可将原油分成轻质原油、中质原油、重质原油和超重原油(或特稠原油)。和水的密度比，相对密度小于 0.8661(API 度大于 31.1)为轻质原油；相对密度介于 0.8661~0.9162(API 度为 31.1~22.3)为中质原油；相对密度介于 0.9162~0.9968(API 度为 22.3~10.0)为重质原油；相对密度大于 0.9968(API 度小于 10.0)为特重原油。

（2）特性因数分类法

特性因数分类实质是根据原油的化学组成进行分类。特性因数 K 是表示原油馏分的密度、平均沸点与它的化学组成之间一定关系的数值。烷烃的 K 值最高，芳香烃最低，环烷烃介于两者之间。原油按特性因数大小分为石蜡基、中间基和环烷基三种。石蜡基原油特性因数 K 值大于 12.1，中间基原油 $K=11.5~12.1$，环烷基原油 $K=10.5~11.5$。

（3）含硫量分类法

根据原油中硫含量大小将原油划分为低硫原油、含硫原油和高硫原油。低硫原油硫含量低于 0.5%，含硫原油其硫含量介于 0.5%~2%，高硫原油则硫含量大于 2%。

（4）酸含量分类法

根据原油中酸含量大小将原油划分为低酸原油、含酸原油和高酸原油。原油酸值小于 0.5mgKOH/g 时为低酸原油；原油酸值为 0.5~1.0mgKOH/g 时为含酸原油；原油酸值大于 1.0mgKOH/g 时为高酸原油。

含硫、含酸原油，尤其是高硫原油、高酸原油对炼油生产装置的腐蚀较大，必须采取有效的防腐措施，确保装置安全运行。

我国主要原油品种分类如下：大庆原油（低硫，石蜡基）、胜利原油（含硫，中间基）、大港（含硫，中间基）、吐哈原油（低硫，石蜡基）、塔河原油（高硫，中间基）、塔里木原油（含硫，中间基）、长庆原油（低硫，石蜡基）。

我国主要进口原油按其个别特性可分为高蜡原油（如印尼米纳斯、辛塔、维杜里原油）、含硫和高硫原油（如伊朗轻质、俄罗斯乌拉尔、也门巴马拉、阿曼、伊朗重质、安哥拉罕格原油属含硫原油，沙特轻质、伊拉克巴士拉、沙特中质、科威特、沙特重质均属高硫原油）、高酸原油（如安哥拉奎托、印尼杜里、乍得多巴原油）、高硫高酸原油（如赤道几内亚赛巴、巴西宝马利姆、委内瑞拉奥里诺科重质原油）。在原油国际贸易中作为定价基础的原油美国西得克萨斯轻质原油、英国布伦特原油和我国进口量比较大的阿尔及利亚撒哈拉、安哥拉卡宾达、安哥拉吉拉索、刚果杰诺及利比亚埃斯锡德尔原油是原油密度较小、蜡含量较低、相对容易加工的原油。

二、炼油主要产品

1. 汽油

汽油是汽油发动机的动力燃料，分为车用汽油和航空活塞式发动机使用的航空汽油。

车用汽油，沸点范围为 35～205℃，广泛用于汽油车、摩托车、快艇等。汽柴油根据汽车排放标准提出的汽车尾气中一氧化碳、碳氢化合物、颗粒物的限值确定具体质量指标。我国汽车排放标准不断严格，目前全国已执行国五排放标准，汽柴油相应执行国五质量标准。2019 年全国将执行国六车用汽、柴油标准。车用汽油的牌号按汽油抗爆性评定指标——研究法辛烷值大小划分，有 89 号、92 号、95 号。例如，95 号车用汽油要求其研究法辛烷值不小于 95。车用汽油牌号高，其抗爆性好。但不是牌号越高油品质量越好，汽油牌号是汽车发动机压缩比设计的依据，提高发动机设计压缩比，使用与之相适应的高牌号汽油，有利于降低汽车油耗。因此，实际使用的汽油牌号应与汽车发动机设计压缩比相匹配，需根据发动机的设计压缩比正确选用汽油牌号。提高汽油牌号有利于设计生产高压缩比的发动机，降低汽车油耗，但生产高牌号汽油，炼油过程的油耗会增加。通过从

"油井"到"车轮"的全寿命周期油耗研究结果表明，汽油牌号宜控制在 92~95 号。

航空汽油用作活塞式航空发动机燃料，沸点范围为 40~180℃。我国生产的航空活塞式发动机燃料按马达法辛烷值分为 75 号、95 号和 100 号三个牌号，75 号适用于轻负荷、低速度的初教-6 等飞机，其他活塞式飞机使用 95 号，100 号适用于水上飞机。

多个炼油装置生产的汽油组分油经调和成符合质量标准的汽油后才能出厂，生产汽油调和组分的主要有催化裂化、催化重整、异构化、烷基化等装置。

2. 车用柴油

柴油是适用于柴油发动机的动力燃料，馏程范围为200~365℃，分为车用柴油、普通柴油。

车用柴油是适用于中高速柴油机的动力燃料，柴油汽车应该使用车用柴油。随着汽车尾气排放标准的不断严格，车用柴油的质量标准不断升级，2017 年 1 月 1 日起全国执行国五标准，2019 年起全国将执行国六标准。

我国车用柴油的牌号按凝点高低划分，牌号有 5 号、0 号、-10 号、-20 号、-35 号、-50 号。牌号越低，说明其低温性越好，如-35 号车用柴油的凝点要求不高于-35℃。车用柴油牌号的选用主要根据使用地区的气温，车用柴油的凝点应比使用地区的最低气温低 5~7℃。

柴油的着火性能用十六烷值表示，5 号、0 号、-10 号车用柴油标准要求十六烷值不小于 51。

多个炼油装置生产的柴油组分油也要经调和成符合质量标准的柴油后才能出厂，生产柴油调和组分的主要有常减压蒸馏、催化裂化、加氢裂化、延迟焦化等装置。

3. 普通柴油

普通柴油适用于拖拉机、工程机械、内河船舶和发电机组等低速柴油发动机。现在我国普通柴油和车用柴油，都要求硫含量不大于 10mg/kg，普通柴油和车用柴油相比，十六烷值为不小于 45。

与车用柴油一样，普通柴油的牌号按凝点高低划分，牌号有 5 号、0 号、-10 号、-20 号、-35 号、-50 号，牌号越低，说明其低温性越好。普通柴油牌号选用也要根据使用地区的气温。普通柴油的凝点应比使用地区的最低气温低 5~7℃。

普通柴油的调和组分有经过加氢精制的催化裂化柴油和加氢精制后的直馏柴油等组分。

4. 喷气燃料

喷气燃料也称航空煤油，是涡轮发动机(飞机)的专用燃料，广泛用于喷气式飞机。喷气燃料馏程范围一般为 130~280℃，要求热值高，低温性能好，燃烧稳定。主要指标是密度和冰点，要求密度大，冰点低。我国生产标准规定的喷气燃料分为 5 个牌号：1 号、2 号、3 号、4 号、5 号，其中

6

以 3 号喷气燃料使用最常见。3 号喷气燃料广泛用于民航客货机、歼击机、轰炸机、直升机等。5 号喷气燃料用于舰载飞机。

由于是航空装备使用的动力燃料，喷气燃料对产品质量要求很高，在生产、运输和使用中，应特别注意喷气燃料的洁净性、腐蚀性和安定性。

喷气燃料主要来自常减压装置的直馏航煤加氢精制后的馏分、加氢裂化装置的航煤馏分。

5. 燃料油

燃料油一般指石油加工过程中得到的比汽煤柴重的剩余产物，是沸点 300℃ 以上重质组分。其特点是黏度高，相对分子质量大，含非烃化合物、胶质及沥青质较多。燃料油广泛用作海上船用柴油机燃料、船用锅炉燃料、非航空用燃气轮机燃料、加热炉燃料、冶金炉和其他工业炉燃料。内河船舶要求使用普通柴油。

馏分燃料油主要由减压渣油和催化柴油等调和而成，残渣燃料油主要是减压渣油，同时调入适量催化油浆。船用燃料油的硫含量目前规定不大于 2.5%，到 2020 年将要求不大于 0.5%。

6. 沥青

沥青是由不同分子量的碳氢化合物及其非金属衍生物组成的黑褐色复杂混合物，是高黏度有机液体的一种，呈液

7

态，表面呈黑色，可溶于二硫化碳。沥青是一种防水防潮和防腐的有机胶凝材料。沥青主要分为天然沥青、石油沥青和煤焦油沥青三种，主要用于涂料、塑料、橡胶等工业以及铺筑路面等。

石油沥青是由原油经蒸馏提炼出各种轻质油（如汽油、柴油等）及润滑油以后的残留物，这些渣油都属于低标号的慢凝液体沥青。为提高沥青的稠度，以慢凝液体沥青为原料，可以采用不同的工艺得到黏稠沥青。根据其主要技术性能指标和用途的差别可分为三类：①道路石油沥青，主要用于路面工程的沥青，通常为直馏沥青或氧化沥青；②建筑石油沥青，是土建工程中用于防水、防腐的沥青，通常为氧化沥青；③普通石油沥青，是含石蜡较多的直馏或氧化沥青，一般不单独使用。

7. 润滑油

润滑油是用在各种机械设备上以减少摩擦与磨损、保护机械及加工件的液体润滑剂，主要起润滑、冷却、防锈、清洁、密封和缓冲等作用。

润滑油由基础油和添加剂两部分组成。基础油是润滑油的主要成分，决定着润滑油的基本性质；添加剂则可弥补和改善基础油性能方面的不足，赋予某些新的性能，是润滑油的重要组成部分。润滑油基础油主要分矿物基础油、合成基础油及动植物基础油三大类。润滑油添加剂按作用分为清净剂、分散剂、抗氧抗腐剂、极压抗磨剂、摩擦改进剂、黏度指数改进剂、防锈剂、降凝剂、抗泡沫剂等。

　　润滑油种类繁多，规格、牌号复杂，不同的应用领域要求使用不同的品种，不同的使用环境和不同的使用条件，又要求使用不同的牌号。常用的润滑油有内燃机油(包括汽油机油、柴油机油)、齿轮油、液压油、汽轮机油等。内燃机油和车辆齿轮油采用专用的 SAE 黏度分类，其他工业液体润滑剂采用 ISO 黏度分类，按 40℃ 运动黏度从 $2\sim3200\text{mm}^2/\text{s}$ 分成 20 个黏度等级，每个黏度等级的运动黏度范围允许为中间点运动黏度的 ±10%。

　　润滑油矿物基础油主要以减压馏分油或渣油为原料，经脱蜡、脱沥青、溶剂精制或加氢精制而得。

8. 润滑脂

　　润滑脂是一种稠厚的油脂状半固体润滑剂，主要用于机械的摩擦部分，起润滑、保护和密封作用，也用于金属表面，起填充空隙和防锈作用。润滑脂主要由稠化剂、基础油、添加剂三部分组成。一般润滑脂中稠化剂含量约为 10%～20%，基础油含量约为 75%～90%，添加剂及填料的含量在 5% 以下。

　　根据稠化剂的不同，润滑脂可分为皂基润滑脂和非皂基润滑脂两类。皂基润滑脂的稠化剂常用锂、钠、钙、铝、锌等金属皂，也用钾、钡、铅、锰等金属皂；非皂基润滑脂的稠化剂有石墨、炭黑、石棉、聚脲、膨润土。根据用途，润滑脂可分为通用润滑脂和专用润滑脂两种。前者用于一般机械零件，后者用于拖拉机、铁道机车、船舶机械、石油钻井机械、阀门等。主要质量指标是滴点、针入度、灰分和水分等。

绝大多数润滑脂用于润滑，称为减摩润滑脂。减摩润滑脂主要起降低机械摩擦，防止机械磨损的作用，同时还兼具防止金属腐蚀的保护作用，及密封防尘作用。有一些润滑脂主要用来防止金属生锈或腐蚀，称为保护润滑脂。工业凡士林等有少数润滑脂专作密封用，称为密封润滑脂，例如螺纹脂。

9. 石脑油

石脑油是一种轻质油品，由原油蒸馏或石油二次加工切取相应馏分而得。其沸点范围依需要而定，通常的馏程为 $30 \sim 220℃$，密度在 $650 \sim 750 kg/m^3$，硫含量不大于 0.08%，烷烃含量不超过 60%，芳烃含量不超过 12%，烯烃含量不大于 1.0%。

从石脑油中分离出来的碳五、碳六组分油异构化后是优质的高辛烷值汽油调和组分，石脑油催化重整得到的重整生成油也是高辛烷值汽油调和组分。随着汽油质量标准的提升，重整生成油要脱除苯和碳九以上重芳烃后才能用于调和汽油。

石脑油还是乙烯和芳烃的重要原料。用作乙烯原料，要求石脑油组成中烷烃和环烷烃的体积含量不低于 70%；用作芳烃原料，则希望石脑油中环烷烃和芳烃含量之和(又称芳烃潜含量)不小于 40%。

10. 炼厂气

炼厂气指炼油厂副产的气态烃，主要来源于原油蒸馏、催化裂化、热裂化、延迟焦化、加氢裂化、催化重整、加氢精制等过程。不同来源的炼厂气其组成各异，主要成分为碳四以下的烷烃、烯烃以及氢气和少量氮气、二氧化碳等气体。炼厂气的产率随原油的加工深度不同而不同，深度加工的炼油厂炼厂气一般为原油加工量的 6%（质量）左右。

炼厂气分为干气和湿气。干气是由氢、甲烷、乙烯、乙烷组成的难以液化的气体，湿气是由难以液化的干气和容易液化的碳三、碳四馏分组成的气体。

过去，干气在炼油厂都当燃料气使用，湿气中分离出来的碳三、碳四叫液化气，基本当民用燃料使用。现在，干气中的乙烯、乙烷，液化气中的丙烷、丁烷都是乙烯的优质原料，液化气中的丁烯和异丁烷通过烷基化装置生产的烷基化油是优质的高辛烷汽油调和组分。

我国炼油厂催化裂化是炼厂气的主要来源，由于原料、催化剂、反应器结构及工艺条件不同，产率和组成有较大的差别。渣油延迟焦化也是炼厂气的重要来源。

三、炼油厂类型

炼油厂按照不同的分类方法可以分成多种类型，最常见的是按照生产的目的产品分类，可以分为燃料型、燃料-润滑油型、燃料-化工型、燃料-润滑油-化工型等。按蜡油、渣油加工选择的工艺可分为加氢型炼油厂和脱碳型炼油厂，加氢型炼油厂指蜡油、渣油变成小分子的汽、煤、柴油，主要采用加氢裂化或加氢处理-催化裂化工艺；脱碳型炼油厂指蜡油、渣油变成小分子的汽、煤、柴油，主要采用催化裂化和焦化工艺。加氢型炼油厂加工过程清洁环保，轻油产品收率高，但投资大；脱碳型炼油厂投资少，但生产过程污染物排放多，轻油收率低。如何选择蜡油、渣油加工工艺，要根据产品质量、产品结构、环保要求、原油品质、投资及回报进行系统优化平衡，是复杂的系统工程。

1. 燃料型炼油厂

燃料型炼油厂是以生产发动机燃料(汽、煤、柴油)为主的炼油厂。

燃料型炼油厂的典型总流程图见图1-1。

2. 燃料-润滑油型炼油厂

根据原油的性质，在生产发动机燃料的同时，也生产一部分润滑油料(润滑油基础油)。

燃料-润滑油型炼油厂的典型总流程图见图1-2。

燃料-润滑油型炼油厂中生产燃料油的加工流程类似燃料型炼油厂，区别是增加了润滑油的加工流程。润滑油为小批量、多品种的石油产品，炼油厂主要生产润滑油基础油。为了满足润滑油品种、牌号的要求，生产基础油的装置经常要采用不同的原料油进料进行切换操作。

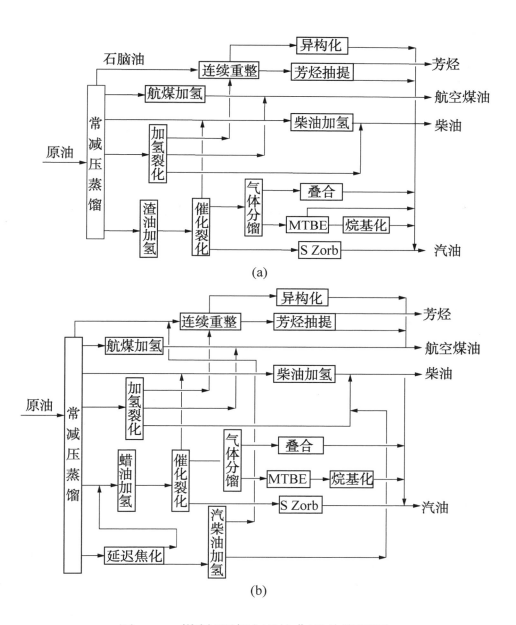

(a)

(b)

图 1-1　燃料型炼油厂的典型总流程图

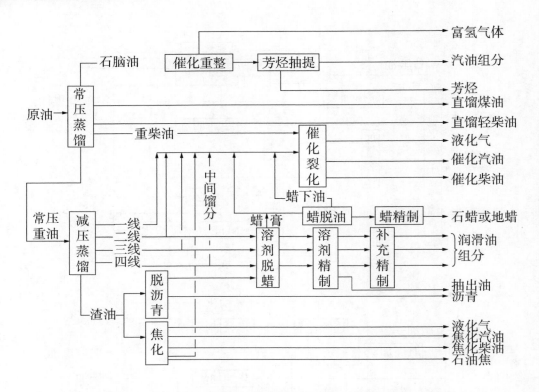

图1-2　燃料-润滑油型炼油厂的典型总流程图

　　传统的基础油生产装置只能生产API Ⅰ类油，而且需要石蜡基或中间基原油的减压馏分油做原料。原料加氢精制和传统基础油生产结合能生产API Ⅱ类油。市场对润滑油的品质要求越来越高，传统工艺生产的基础油不能满足高品质润滑油的要求，利用蜡油加氢裂化装置的重馏分油(通称尾油)或石蜡基原油的蜡油，通过异构脱蜡-加氢精制可以生产API Ⅱ⁺类、Ⅲ类基础油。不断增加API Ⅱ⁺类、Ⅲ类基础油的产量是润滑油基础油的发展趋势。

3. 燃料-化工型炼油厂

燃料-化工型的炼油厂有三类。

第一类是既生产汽、煤、柴油等发动机燃料，也为乙烯装置提供原料的炼油厂。

第二类是既生产汽、煤、柴油，又为 PX 提供原料的炼油厂。

第三类是既生产汽、煤、柴油，又同时为乙烯和 PX 提供原料的炼油厂。

燃料-化工型炼油厂的流程图见图 1-3。

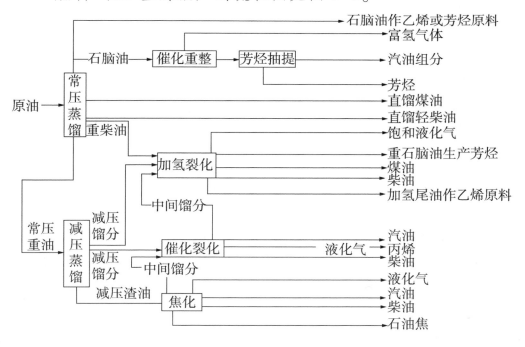

图 1-3　燃料-化工型炼油厂的流程图

4. 燃料-化工-润滑油型炼油厂

燃料-化工-润滑油型炼油厂是指炼厂在生产汽、煤、柴油的同时，还生产润滑油基础油，又为乙烯或 PX 提供原料的炼油厂。

5. 化工型炼油厂

化工型炼油厂是基本不生产或少量生产汽、煤、柴油，主要为乙烯、PX 提供原料的炼油厂。

炼油过程会副产一定量乙烯、丙烯，利用这些副产的乙烯、丙烯生产苯乙烯、聚丙烯等化工产品，但主要目的产品是汽、煤、柴油的炼油厂，一般不列入燃料-化工型炼油厂。

四、工艺装置及产品

炼油厂因加工原油性质、产品需求的不同，分成不同的类型，建有不同的加工装置，基本的加工装置有常减压蒸馏、催化重整、催化裂化、加氢裂化、延迟焦化、加氢处理、炼厂气加工、石油产品精制等。

1. 常减压装置

常减压装置是常压蒸馏和减压蒸馏两个装置的总称，在炼油加工流程中有重要作用，常被称作炼油厂的"龙头"装置。原油送到常减压蒸馏装置，按照原油各组分的沸点差，切割分成汽油(石脑油)、煤油、柴油、蜡油和渣油馏分等。

常减压蒸馏属于物理过程，原油加热后在蒸馏塔内切割分成沸点范围不同的馏分，作为后续加工装置的原料，因此，常减压蒸馏又被称为原油的一次加工，常压蒸馏的加工能力通常被定义为原油加工能力，代表炼油厂的生产规模。

常减压蒸馏通常包括三个工序：原油预处理、常压蒸馏、减压蒸馏。

原油预处理用来脱除原油中含有的盐类物质和水，是在电场作用下脱盐脱水的过程，又称电脱盐。从油田送往炼油厂的原油往往含盐带水，可导致设备产生腐蚀、结垢，在后续加工过程中会造成催化剂中毒，需在加工前尽量脱除。常用的办法是在原油中加破乳剂和水，使盐溶于水中，并使水集聚，在高压电场的作用下，靠油水密度差从油中分出，达到脱盐脱水的目的。如果原油一次脱盐脱水不能达到要求，还要进行二次甚至三次脱盐脱水，炼油厂一般采用二级电脱盐工艺，对于稠油采用三级电脱盐处理。电脱盐是常减压蒸馏的第一个工序，经过其处理出来的原油送入常压蒸馏装置。

经过预处理的原油进入常压蒸馏装置后，按沸点范围分为汽油、煤油、柴油、常压渣油等馏分。这里产生的汽油馏分辛烷值低，也被称作石脑油，一般用作重整原料或蒸汽裂解原料，还可以用来制作各种工业溶剂油；煤油馏分用作生产喷气燃料或灯用煤油；柴油馏分用于生产车用柴油。常压渣油又称常压重油，送入减压蒸馏装置。常压蒸馏的原料与产品见图1-4。

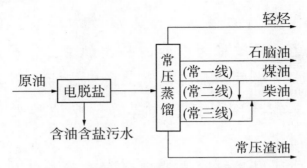

图 1-4　常压蒸馏的原料与产品

注：常一线可以按煤油抽出，也可以进入柴油。

减压蒸馏对常压渣油继续蒸馏分出蜡油馏分。采用减压操作是为了降低蒸馏温度，防止常压渣油在过高温度下发生裂解和结焦影响正常操作。减压蒸馏可蒸出减压蜡油，塔底是减压渣油馏分。减压蜡油用作催化裂化原料或加氢裂化原料或润滑油基础油原料；减压渣油可作为延迟焦化、减黏裂化、溶剂脱沥青、渣油加氢等装置的原料，也可作燃料油或者加工成沥青产品。减压蒸馏按目的产品不同分为燃料型减压蒸馏和润滑油型减压蒸馏。减压蒸馏的原料与产品见图 1-5。

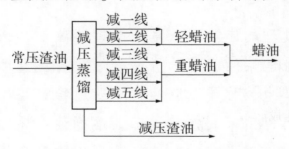

图 1-5　减压蒸馏的原料与产品

注：1. 减压蒸馏抽出五个侧线馏分是生产润滑油的需要；

　　2. 生产燃料油的炼厂减压蒸馏一般只需要将蜡油、渣油分开。

2. 催化重整

催化重整装置是在催化剂作用下，使常压蒸馏所得的汽油馏分(石脑油)转变成富含苯、甲苯、二甲苯的重整生成油的过程，并副产氢气、干气和液化气。重整生成油在分离出苯以后是高辛烷值汽油的调和组分，也可以经芳烃抽提制取苯、甲苯、二甲苯，甲苯和二甲苯是PX装置的原料。副产的氢气是炼油厂加氢精制、加氢裂化等加氢装置用氢的重要来源。催化重整的原料和产品见图1-6。

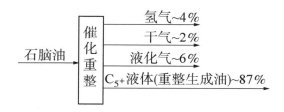

图 1-6 催化重整的原料和产品

注：1. 重整原料石脑油包括直馏石脑油、加氢裂化石脑油、加氢后的焦化石脑油等；

2. 重整生成油中芳烃及非芳烃含量分别在75%和25%左右；

3. 氢气产率、C_{5+} 液体收率及其中芳烃含量和原料石脑油中环烷烃、芳烃含量密切相关，也和重整工艺(连续重整或半再生重整)、催化剂、工艺条件(温度、压力)有关；

4. 重整生成油脱除苯以后可作为汽油调和组分，也是生产PX的原料。

3. 异构化

异构化是生产优质高辛烷值汽油调和组分的重要手段之一。直馏石脑油中的碳五、碳六馏分辛烷值很低，在催化剂的作用下，碳五、碳六正构烷烃转化成相应的异构烷烃，辛烷值明显提高，且不含烯烃、芳烃，不含硫，是优质的汽油调和组分。汽油质量标准不断升级，汽油中硫、烯烃及芳烃含量的限制越来越严，异构化将成为许多炼油厂不可或缺的装置。异构化的原料和产品见图1-7。

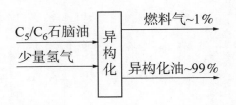

图1-7　异构化的原料和产品

注：1. 异构化油是最优质的汽油辛烷值调和组分之一；

2. 从异构化反应器流出的产品经精馏分离出没有异构化的正构烃返回反应进料中，异构化油的辛烷值更高。

4. 催化裂化

催化裂化是蜡油、渣油轻质化生产汽油的重要加工过程，原料油在500℃左右高温和催化剂的作用下，发生裂化反应，原料油主要转化成汽油(收率在45%~50%)，同时得到液化石油气、柴油，还有少量干气、油浆及焦炭。焦炭附着在催化剂上，通过再生烧焦，为催化裂化反应提供热量，并副产一定量的蒸汽。催化裂化原料可以是常压渣油、减压蜡油，也可掺入一定比例的焦化蜡油、脱沥青油或减压渣油。催化原料加氢后不仅可以大部分脱除原料中的硫、氮化合物，提高原料的氢含量，还有利于改进产品分布和降低产品中硫含量。催化裂化装置生产的汽油要经过精制把硫降低到 10mg/kg 左右才能作为汽油调和组分；催化柴油十六烷值低，通过改质精制后主要用作普通柴油调和组分，也可少量调入车用柴油。催化裂化产出的液化气，通过气体分离装置分离出丙烯，可用于生产聚丙烯等化工产品，来自催化裂化的丙烯约占我国丙烯产量的 40%。液化气还是烷基化、MTBE 等装置的原料，催化油浆经过处理后可调入商品燃料油。催化裂化的原料与产品见图 1-8。

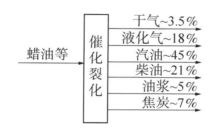

图 1-8 催化裂化的原料与产品

注：1. 催化裂化的原料有减压直馏蜡油（更多是重蜡油）、加氢蜡油、常压渣油、掺一定量减压渣油（含焦化蜡油及脱沥青油）的蜡油、加氢常压渣油、加氢减压渣油等；

2. 催化裂化的产品分布一是与原料性质密切相关，原料中氢含量高，干气、焦炭产率低，汽油、柴油收率高；二是和催化剂、反应工艺条件、反应器设计有关系；

3. 催化裂化生成的焦炭沉积在催化剂上，通过催化剂再生烧焦产生热量加以回收。

5. 气体分离

炼油厂二次加工装置所产液化气是一种非常宝贵的气体

资源，富含丙烯、正丁烯、异丁烯等组分，它既可以作为民用燃料，又可以作为油品或石油化工产品的原料。

气体分离装置主要是以催化裂化和焦化装置的液化石油气为原料，采用精馏方法，分离出丙烯、丙烷及烷基化原料等目的产品的工艺过程。气体分离装置的原料和产品见图 1-9。

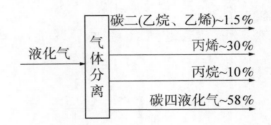

图 1-9　气体分离装置的原料和产品

6. 烷基化

烷基化是指含异丁烷与 $C_3 \sim C_5$ 烯烃（主要是丁烯）的液化气在强酸性催化剂（包括硫酸、氢氟酸、固体酸、离子液体）的作用下进行加成反应，生产高辛烷值的烷基化汽油的工艺过程。烷基化的原料和产品见图 1-10。

烷基化汽油具有高辛烷值（研究法 *RON*：94～96，马达法 *MON*：92～94）和低蒸气压，且由饱和烷烃组成，不含芳烃、烯烃和硫，是又一种优质高辛烷值汽油调和组分。目前，我国汽油中烷基化油的比例很低，生产国六标准的汽油必须建设一批烷基化装置，大幅度提高汽油中烷基化油的调和比例。

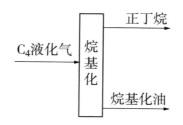

图 1-10　烷基化的原料和产品

注：含丙烯、丁烯的液化气都可以做烷基化原料，我国一般用碳四液化气做原料，液化气中异丁烷和丁烯反应生成烷基化油后得到的富含正丁烷的产品是乙烯的好原料。

7. 制氢

原油中的直馏汽油、柴油要通过加氢精制脱除硫、氮等杂质后才能成为汽、柴油的调和组分，原油中的蜡油、渣油在裂化成小分子时增加氢含量，有利提高目的产品的收率，炼油过程离不开氢。

催化重整装置是炼油厂氢气的主要来源，但其产量远不能满足炼油厂氢气的需求，需要通过专门的制氢装置生产氢气。制氢的原料有轻烃(天然气、炼厂干气、石脑油)、重质油(渣油、脱油沥青)和煤。用这些原料制氢的技术都成熟可靠，但原料价格对氢气的成本影响很大。目前天然气和煤炭是制氢原料的主要选择。

天然气制氢装置在高温高压和催化剂存在条件下，用低硫的天然气原料与水蒸气发生化学反应来生产氢气。目前我国天然气价格高，生产的氢气成本比煤制氢高。

煤制氢也称为煤炭气化制氢气，煤炭中的碳和氧气在气化炉内的高温条件下，发生非催化氧化反应，生成以一氧化碳和氢气为主的合成气，合成气中一氧化碳又和水反应生成氢气和二氧化碳，然后经过氢气提纯、净化，得到高纯度的氢气。煤制氢投资大，但原料价格便宜，煤制氢成本最低。

8. 催化汽油选择性加氢脱硫

催化汽油选择性加氢脱硫是在一定温度、压力条件和催化剂的作用下，脱除催化裂化汽油含硫杂质的过程，脱硫过程不可避免会使催化汽油的烯烃饱和，造成辛烷值损失，脱硫要求越严，烯烃饱和越多，辛烷值损失越大。为了实现深度脱硫，并使辛烷值损失最少，要采用选择性脱硫技术。

9. 催化汽油吸附脱硫(S Zorb)

催化汽油吸附脱硫装置(简称 S Zorb 装置)是又一种高效的汽油深度脱硫工艺，主要是以催化装置生产的汽油为原料，采用 S Zorb 专利技术，通过具有脱硫反应活性的吸附剂高效转化汽油中含硫化合物，对汽油进行深度脱硫的工艺过程，产品直接作为超低硫汽油调和组分。与选择性加氢深度脱硫技术相比，该技术脱硫率高，将硫脱至 $10\mu g/g$ 之下时辛烷值损失小、氢耗低、能耗低、操作费用也低。催化汽油两种深度脱硫装置的原料和产品见图 1-11。

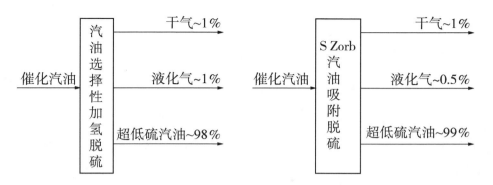

图 1-11　催化汽油两种深度脱硫装置的原料和产品

注：汽油选择性深度加氢脱硫和 S Zorb 汽油吸附脱硫都是加工催化汽油生产超低硫汽油的装置，两者相比，前者汽油辛烷值损失大，能耗高，目的产品收率低。

10. 航煤加氢

航煤加氢是在一定温度、压力条件和催化剂的作用下，将直馏煤油与氢气进行加氢精制反应，脱除硫醇硫等杂质，改善油品的安定性和使用性能的工艺过程。航煤加氢的原料与产品见图 1-12。

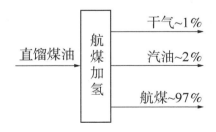

图 1-12　航煤加氢的原料与产品

注：航煤加氢的原料一般为直馏航煤油馏分，其他二次加工装置生产的航煤馏分达不到航煤质量指标，也进入该装置加工。

11. 柴油加氢精制

柴油馏分有多种来源，主要包括直馏柴油、催化裂化柴油、焦化柴油、减黏裂化柴油、加氢裂化柴油等。这些原料油中除加氢裂化柴油外，其他柴油原料都不同程度含有一些杂质和各种非理想组分，不能直接用来调和柴油。柴油加氢精制装置是在一定温度、压力条件和催化剂的作用下，柴油与氢气进行加氢精制反应，以脱除硫等柴油中的硫化物等杂质，生产清洁柴油调和组分的过程。同时，柴油中的不饱和化合物得到加氢饱和，柴油的十六烷值也有所改善。

现行的车用柴油和普通柴油标准都要求硫含量不大于10mg/kg，柴油加氢精制是炼油厂不可或缺的装置。柴油加氢精制原料和产品见图1-13。

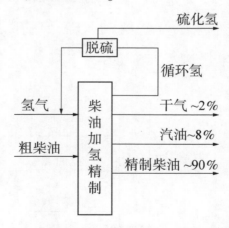

图1-13 柴油加氢精制原料和产品

注：1. 原料粗柴油有直馏柴油，可掺入一定量焦化柴油、催化柴油；

2. 生产超低硫柴油时，循环氢要脱硫化氢后返回进料系统。

12. 柴油加氢改质

柴油加氢精制脱除了柴油馏分中的硫化物，使硫含量可以满足油品质量标准要求，但当柴油中芳烃含量、十六烷值、密度等难以达到指标要求时，必须对柴油加氢改质。柴油加氢改质是在比加氢精制更高的压力和温度条件下，采用相应的催化剂，使柴油中的芳烃深度饱和，大幅度提高十六烷值的过程。主要原料是催化柴油，改质后一般十六烷值可增加 10 个单位左右。同时，密度也有相应降低。

13. 蜡油加氢处理

蜡油加氢处理是在一定温度、压力和催化剂存在的条件下，蜡油原料与氢气发生加氢精制反应，去除大部分硫、氮等杂质的工艺过程。蜡油加氢处理的原料主要是减压蜡油，也可掺炼催化裂化蜡油、焦化蜡油、溶液脱沥青油。蜡油加氢处理主要为催化裂化装置提供原料，加氢处理后蜡油中的氢含量明显提高，有利于汽油等高价值产品收率的提高。蜡油加氢处理原料与产品见图 1-14。

14. 蜡油加氢裂化

加氢裂化是重质馏分油轻质化的一种重要而灵活的加工工艺。与催化裂化不同，加氢裂化在高压和氢气存在的条件下进行。蜡油加氢裂化的原料主要是减压蜡油可掺炼焦化蜡油，催化裂化蜡油等，其主要目的是生产高质量的柴油和喷气燃料，生产的汽油馏分是优质的芳烃原料，也可作为异构化原料或直接调和汽油，其尾油是乙烯或高档润滑油基础油

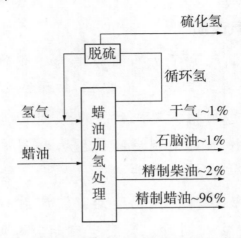

图 1-14 蜡油加氢处理原料与产品

注：蜡油加氢处理主要加工减压蜡油，也可掺炼焦化蜡油和催化蜡油，精制蜡油如用作催化裂化原料。

原料。加氢裂化工艺的优点：可以加工比较重的原料油和含硫、含氮等劣质原料油；产品质量好，基本上不含氧、氮、硫等杂质，产品不需再进行精制；装置特别适合于生产喷气燃料。近年来，为适应含硫原油加工、增产喷气燃料以及高标准车用柴油的需要，国内蜡油加氢裂化得到了很大发展。蜡油加氢裂化原料与产品见图 1-15。

15. 渣油加氢处理

渣油加氢处理是在一定温度和压力下，通过加氢催化反应基本脱除渣油中的金属和部分脱除渣油中的硫、氮、沥青质与残炭的过程。在这过程中，渣油中会有少量较大的烃分子发生裂化并加氢，变成分子较小的汽柴油组分。渣油加氢处理根据原料可分为常压渣油加氢处理和减压渣油加氢处

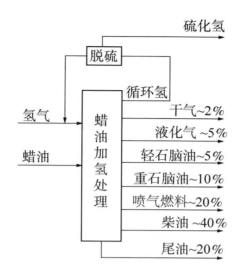

图 1-15 蜡油加氢裂化原料与产品

注：1. 蜡油加氢裂化的原料有直馏蜡油、焦化蜡油；

2. 产品分布与原料性质、催化剂、工艺条件有关。

理。渣油加氢处理装置的产品一般作为催化裂化原料，通过催化裂化生产汽油和柴油。渣油加氢处理的原料和产品见图1-16。

16. 渣油加氢裂化

渣油加氢裂化是在高温、高压条件下，通过催化加氢和裂化反应，脱除渣油中的重金属、硫化物、氮化物、残炭，同时使重质油发生裂化反应生成石脑油、柴油、蜡油等轻质馏分的过程。装置生产的石脑油、柴油经过进一步加工可作为汽、柴油调和组分，蜡油一般作为催化裂化或者加氢裂化的原料，未转化的渣油可以通过延迟焦化进一步加工或作为燃料油的调和组分。渣油加氢裂化原料和产品见图1-17。

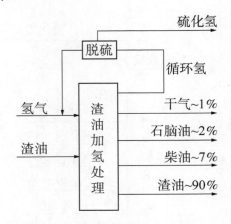

图 1-16 渣油加氢处理的原料和产品

注：1. 原料渣油可以是常压渣油或减压渣油；

2. 原料渣油的性质不同，使用的催化剂及物料流经反应器的速度、反应压力、温度等工艺条件都会不同，产品分布也会有所不同；

3. 加氢处理后的渣油一般作为催化裂化的原料。

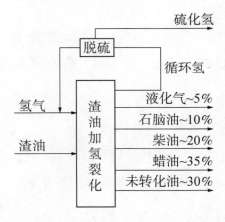

图 1-17 渣油加氢裂化的原料和产品

注：渣油加氢裂化产品收率与工艺选择有密切关系，沸腾床加氢裂化的转化率一般控制在 70% 左右，转化率过高，反应器容易发生结焦故障；浆态床加氢裂化可以有更高的转化率，未转化油收率可降低到 5% 左右；渣油加氢裂化的转化率控制及产品收率和原料性质有很大关系。

渣油加氢裂化可以加工高残炭、高金属含量的劣质渣油，兼有裂化和精制双重功能，渣油实现了深度转化，轻质油品收率高，过程清洁环保，虽然投资大，高油价下投资回报率高，越来越受到重视。渣油加氢裂化根据使用的技术不同，分为沸腾床和浆态床加氢裂化两种。沸腾床渣油加氢裂化转化率一般在70%左右，转化率过高，反应系统容易结焦，造成停产损失。20世纪80年代国际上就有成熟技术，并实现了大规模应用，我国正在开发过程中。浆态床渣油加氢裂化转化率可达90%以上，而且流程比沸腾床简单，是渣油加氢裂化技术的发展方向，应用前景广阔，是世界渣油加工技术研究开发的热点，国外已建成工业示范装置，国内也在努力进行研究开发。

17. 延迟焦化

延迟焦化是加工减压渣油的主要热加工工艺，渣油在500℃左右温度条件下，在焦炭塔内进行热裂化反应，生产汽油、柴油、蜡油和焦炭，延迟焦化通过焦炭塔的切换操作实现连续运转。延迟焦化属于脱碳型装置，不使用催化剂，可以加工掺入催化裂化油浆、减黏渣油、沥青等劣质减压渣油。延迟焦化产品有气体、汽油、柴油、蜡油和石油焦，其收率因原料不同而变化。焦化汽、柴油中含有较多烯烃，安定性差，需经过加氢精制后才能作为成品油调和或再次加工原料，也可做化工原料利用。焦化蜡油可作为催化裂化和加氢裂化等再次加工的原料。石油焦可用作燃料或应用于冶金与有色金属工业，根据新的产品标准，硫含量大于3%的高硫石油焦将不允许对外销售。延迟焦化过程的废气、废水排放量大，这些都是延迟焦化存在与发展的制约因素。延迟焦化的原料和产品见图1-18。

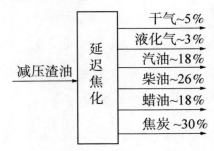

图 1-18　延迟焦化的原料和产品

　　注：1. 原料有减压渣油、渣油加氢裂化的未转化油，还可以掺入催化油浆和一定量的脱油沥青；

　　2. 产品分布与原料油的性质有关；

　　3. 环保法规要求石油焦产品中硫含量不大于3%。

18. 减黏裂化

　　减黏裂化是在一定温度下，通过轻度热裂化反应，降低减压渣油黏度的工艺过程，其目的是降低减压渣油的黏度，同时，还可降低渣油的凝点。减黏裂化的原料主要是减压渣油，主要产品减黏渣油用于生产重质燃料油。但减黏裂化不可能降低油的硫含量，不能满足今后燃料油中硫含量不大于0.5%的要求。减黏裂化副产的少量汽油、柴油馏分含有较多的烯烃和硫、氮化合物，需要经过加氢精制后再利用。减黏裂化的原料与产品见图1-19。

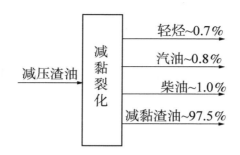

图 1-19　减黏裂化的原料与产品

注：原料一般是黏度大无法直接作燃料油的减压渣油。

19. 溶剂脱沥青

溶剂脱沥青是采用溶剂萃取的方法，分离渣油中的胶质和沥青的过程。溶剂萃取过程中渣油中的金属与硫、氮化合物大部分浓缩到沥青中，脱沥青油中胶质、沥青和重金属等杂质含量大幅度降低，脱沥青油可通过糠醛精制、溶剂脱蜡和加氢精制(或白土精制)制取润滑油基础油，也可作为催化裂化和加氢裂化的原料。渣油经过溶剂脱沥青后得到的沥青一般可以作为建筑沥青使用，有的还是优质的道路沥青产品。

溶剂脱沥青要根据脱沥青油用途，选择适当的溶剂。制取润滑油基础油时，常用丙烷作溶剂。生产加氢处理原料时，通常采用丁烷或戊烷作溶剂。溶剂脱沥青装置包括萃取和溶剂回收两个单元。溶剂脱沥青的原料与产品见图 1-20。

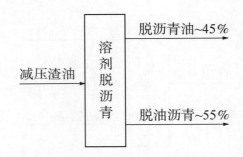

图1-20 溶剂脱沥青的原料与产品

注：1. 溶剂可以是丙烷、丁烷或戊烷，一般根据脱沥青油的去向选择，溶剂循环使用；

2. 脱沥青油和脱油沥青的收率与原料减压渣油的性质与产品的去向有关。

20. 硫黄回收

硫黄回收是将炼油过程产生的硫化氢转化为硫黄的工艺过程。硫黄回收通常采用"克劳斯(Claus)"工艺来实现。

酸性气克劳斯制硫采用部分燃烧法，含有硫化氢的酸性气在供氧不足的条件下燃烧，通过严格控制氧气供给量，使燃烧产物中硫化氢与生成的二氧化硫气体体积比为2∶1，然后进入克劳斯反应器进行反应，在催化剂作用下硫化氢与二氧化硫反应转化为硫黄，未转化的剩余气体还需要再经过二级、三级反应。硫黄回收的尾气中会含有一定量的硫化物，需采用尾气处理工艺进行处理，才能达到排放标准。酸性气制硫装置硫回收率通常可达95%～98%，目前采用最好的尾气处理装置后硫回收率可提高到99.9%。

21. MTBE

MTBE 为甲基叔丁基醚英文缩写。MTBE 装置采用含异丁烯的碳四液化气为原料，在一定压力、温度和催化剂作用下，碳四液化气中的异丁烯与甲醇进行醚化反应，生产甲基叔丁基醚（MTBE）。MTBE 是一种高辛烷值汽油组分，为保证汽油的热值，汽油标准中规定汽油中氧含量不能大于 2.7%，汽油中 MTBE 的加入量要受此指标控制。我国政府决定要发展生物乙醇和大力推广使用生物乙醇汽油，汽油中不可能再加入 MTBE 或其他含氧化合物，MTBE 装置面临被淘汰局面，液化气中异丁烯在催化剂作用下发生反应，生成异辛烯，异辛烯加氢生成异辛烷用于调和汽油是一很好的技术选择。

22. 酮苯脱蜡

由石蜡基和中间基原油得到的润滑油原料中都含有蜡，这些蜡的存在会影响润滑油的低温流动性能。蜡的沸点与润滑油馏分相近，不能用蒸馏的方法进行分离。酮苯脱蜡是采用具有选择溶解能力的溶剂，在冷冻条件下脱除润滑油原料中蜡的过程。溶剂一般为丁酮（或丙酮）-甲苯的混合溶剂，故称酮苯脱蜡。酮苯脱蜡可以得到不同凝点的润滑油原料及石蜡原料。

23. 糠醛精制

常减压蒸馏装置减压侧线馏分和丙烷脱沥青装置的脱沥

青油都含有大量的润滑油非理想组分——多环短侧链的芳香烃和环烷烃、胶质、沥青质，以及含硫、氮、氧等杂原子的化合物等有害成分。

糠醛精制是以常减压装置的减压馏分油、脱沥青油为原料，利用糠醛溶剂对原料中有害成分和非理想组分有很强的溶解能力，将这些有害成分和非理想组分脱除，生产润滑油基础油的工艺过程之一。酮苯脱蜡、糠醛精制的原料和产品见图 1-21。

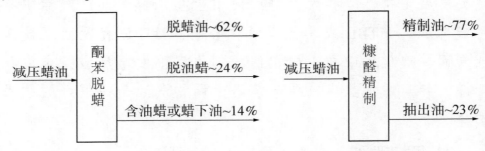

图 1-21　酮苯脱蜡、糠醛精制的原料和产品

注：1. 酮苯脱蜡、糠醛精制是传统润滑油生产工艺；

2. 两个装置的原料都可以是石蜡基或中间基原油的减二、减三、减四、减五线蜡油、脱沥青油，酮苯脱蜡还可以用糠醛装置精制油，糠醛精制还可以用酮苯装置的脱蜡油作原料；

3. 酮苯装置脱蜡油、糠醛装置精制油的收率因原料质量的差异有明显差异。

24. 润滑油加氢异构与精制

润滑油加氢异构与精制是生产 API Ⅱ⁺、API Ⅲ 类润滑油基础油的组合工艺，采用加氢裂化装置的尾油或石蜡基原油的减压蜡油为原料，在催化剂的作用下，使原料油中含有的蜡分子发生异构化反应，转化成理想的润滑油组分，然后再经过加氢精制生产高质量的润滑油基础油。加氢异构与加氢处理生产润滑油基础油流程简单，产品收率高，产品质量好，可以生产倾点低、黏度指数高、用于调制大跨度多级内燃机油高档产品的基础油。润滑油加氢异构与精制的原料和产品见图1-22。

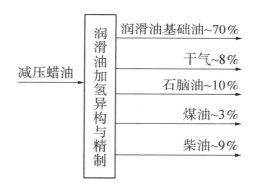

图1-22　润滑油加氢异构与精制的原料和产品

　　注：1. 润滑油加氢异构与精制的原料可以是石蜡基原油的减压蜡油或蜡油加氢裂化的尾油；

　　2. 润滑油基础油的收率与原料性质有密切关系。

25. 成品油在线自动调和

炼油厂不同加工装置得到的汽油、柴油的调和组分，其组成和性质不能直接达到油品质量的要求，要根据产品的标准，进行组分的调和，才能生产合格的成品油。

传统的油品调和在油罐内进行，随着计算机技术、计量技术和在线分析技术的进步，油品在线自动调和应运而生。在线调和是一种连续生产的调和方式，即根据在线分析仪表自动分析调和组分的质量指标，自动计算各种调和组分的比例和数量，通过计算机控制自动计量加入调和组分，在管线里就完成油品调和，生产出符合质量标准要求的油品。成品油在线自动调和可实现油品调和优化，保持产品质量稳定，避免质量过剩，增加企业效益。

26. 原油调和

我国大部分加工进口原油的炼油厂原油来源广泛，品种多样、性质各异，频繁切换原油品种，使炼油过程经常处在非稳定运行状态，对提高收率，降低能耗，稳定产品质量非常不利。对不同品质的原油，根据炼油厂的加工流程进行自动调和是保证炼油过程持续稳定的重要措施。原油调和控制的指标主要有：原油的密度、硫含量、酸值、实沸点蒸馏数据等。原油调和技术正受到关注。

五、炼油厂流程优化

1. 流程优化

炼油厂设计时(包括新建和改造)要根据原油品质、产品结构及产品质量要求，进行装置集成、流程整合，实际运行中要根据不断变化的原油、成品油市场进行加工流程的调整。为了实现效益最大化，必须持续地进行流程优化。炼油厂的流程优化是一个复杂的大系统工程，流程优化过程中以下因素必须给予重视。

（1）原油供应和产品的消费趋势

对于新建炼油厂，要充分考虑未来国内外市场石油产品的生产能力和消费趋势、市场可供应原油的数量和品质。原油成本占炼厂总成本比例最大，设计时加工总流程需要考虑对原油品质变化有一定的适应性，产品结构有一定的灵活性，使装置投入运行后能根据原油、成品油市场变化采购性价比最高的原油。对于现有的老炼厂，要结合炼油厂已有流程、成品油市场变化选择和采购原油。

（2）生产过程的环保要求

不同的炼油流程，生产运行中产生的三废排放有很大差异。脱碳型装置三废排放会明显高于加氢型装置，加氢型装置的投资一般又会高于脱碳型装置。要坚持"源头控制和末端治理"有机结合，突出源头控制的原则，做好流程优化，运行过程中要根据三废排放限值要求，根据原油品质适时调整运行方案。

（3）产品质量要求

产品质量能否达到标准，和加工流程高度相关，设计时要充分考虑未来的产品标准，优选工艺技术，优化总流程，运行中要根据产品质量要求和现有的流程选择原油和具体的加工方案。

（4）技术发展状况

炼油过程各工艺装置的技术是流程优化的基础，虽然技术的基本原理没有改变，但技术在不断进步，炼油过程要融合集成各工艺装置国内外最新的经工业验证的技术及根据新原理新开发的工艺技术。

（5）公用工程配套能力

为炼油过程供氢、供热、供电、供水的系统统称公用工程系统，设计时要考虑与炼油过程配套的稳定可靠的公用工程保障能力，并有适当裕量，运行中要紧密结合原油选择、产品方案、加工流程等的优化，优化公用工程系统运行方案。

（6）设备状况

炼油装置设计时，根据原油品质和加工过程的要求进行了设备选材和设计。炼油装置运行过程中，随着运转时间的延长，设备总可能存在一些正常情况下不影响装置运转的故障和问题，优化原油选择和加工流程时必须充分考虑设备在期望的运转周期内的承受能力，确保设备的可靠性，杜绝设备失效引发的重大恶性事故。

（7）投资回报

炼油总流程的安排总是和投资密切相关，要正确处理一次性投资与投资回报的关系，新建炼厂或对已有炼厂技术改造时，要坚持投资回报优先的原则，进行总流程的优化，不要把控制一次性投资作为流程优化的约束条件。

2. 流程优化的目的

炼油厂流程优化的目的是：①在设计阶段：根据选择的

原油品质和环保指标、产品结构和质量标准的要求确定能够实现效益最大化的装置组合，即总流程，为生产运行的优化奠定坚实的物质和技术基础；②在运行过程中：能快速应对市场的变化，按效益最大化和确保设备可靠、安全生产的要求，选择、购买和加工性价比最高的原油，及时调整加工方案。

3. 流程优化的工具

炼油厂的流程优化主要是利用线性规划方法（Linear Programming，以下简称 LP 方法），基于流程优化的复杂性和炼油流程优化要成为炼油厂优化生产运行的主要手段，必须构建炼油厂流程优化计算机平台系统。

炼油厂流程优化计算机平台系统包括计算机硬件、专用的软件系统和数据库系统（见图 1-23）。计算机软件系统包括：炼油厂总工艺流程优化系统，原油评价数据库分析管理系统，工艺装置模拟系统和数据接口。数据库包括：原油评价数据库，工艺装置数据库，原料、产品价格体系和市场信息数据库。

（1）总工艺流程优化系统

总工艺流程优化系统是优化平台的核心，典型的专用软件有三个：

● Aspen 公司的 PIMS（Process Industry Modeling System）流程工业模型系统。

● Haverly 公司的 GRTMPS（Generalized Refining Trans-

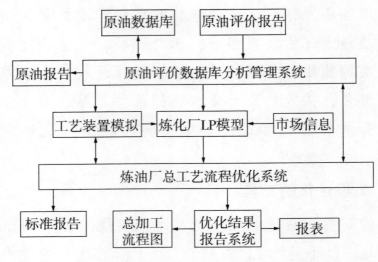

图 1-23　炼油厂总工艺流程计算机优化平台图

portation Marketing Planning System) 通用炼油、运输、市场、计划系统。

● Honeywell 公司的 RPMS (Refinery and Petrochemical Modeling System) 炼化模型系统。

Aspen 公司的 PIMS 软件在国际上应用比较广泛。

（2）原油评价数据库分析管理系统

原油评价数据库分析管理系统的功能是提供基础的原油切割数据。系统包括两个主要模块：原油评价数据分析处理和原油评价数据模拟切割。常用的系统是 Haverly 公司的 H/CAMS 以及近年来出现的施耐德公司的 Crude Manager，有的企业根据需要组织开发并形成了自己的原油评价管理系统。

● 原油评价数据分析处理模块

将新的原油评价数据或试验分析数据录入该系统，对数据进行各种图形化分析，生成各类性质曲线。

● 原油评价数据模拟切割模块

对数据库中的原油进行切割计算，包括原油混合比例、馏分数量及切割温度范围，可输出实沸点切割，或模拟实际常减压切割数据。

（3）工艺装置模拟系统

对应每一个工艺装置就有一个模拟系统。工艺模拟系统有通用和专用区别。专用的模拟系统能模拟特定的工艺过程，如催化重整、催化裂化等，专用的模拟系统有 Petro-SIM 等；通用的模拟系统则模拟常见的单元操作，如塔、泵、压缩机等，通用的模拟系统有 Aspen Plus、Pro/Ⅱ 等。

（4）数据接口

数据接口是用于数据格式转换的程序。有三类接口程序用于数据的转换和传递。

● 原油评价数据库分析管理系统与炼油厂总工艺流程优化系统接口

● 工艺装置模拟系统与炼油厂总工艺流程优化系统接口

● 炼油厂总工艺流程优化系统结果转换成报表、总加工流程图等接口

（5）原油评价数据库

原油评价数据库是流程优化的重要基础，可为生产计划、流程模拟、调度软件系统提供数据，也可为工艺装置或炼油厂设计提供基础数据。国外有专门的商业原油数据库，

但是库中的原油种类比市场上可采购的原油种类要少。

（6）工艺装置数据库

工艺装置数据库的数据内容包括：装置的能力，进料的性质，产品的收率和性质，装置的催化剂、化学药剂、水、电、气、风等公用工程的消耗等。

（7）原料、产品价格体系和市场信息数据库

该数据库含有原料、产品规格、产品价格体系和市场信息。

（8）优化结果后处理

优化结果后处理也可以认为是一系列的后处理接口。把炼油厂总工艺流程优化系统的优化结果数据转换为一系列的用户设计或生产运行优化的各类报表和流程图等。

第二部分　石 油 化 工

本部分介绍的石油化工是指以石油为原料，生产化工产品的工业过程。石油化工主要包括以下三大生产过程：基础化学品生产过程、有机化工产品生产过程、高分子化工产品生产过程。

基础化学品生产过程是以石油为起始原料，经过炼制加工制得三烯(乙烯、丙烯、丁烯)、三苯(苯、甲苯、二甲苯)等基础化工产品。有机化工产品生产过程是利用"三烯、三苯"等基础化学品，通过各种反应过程生产醇、醛、酮、酸、酯、醚、胺类、腈类等有机化学品，其中包括精细化学品。高分子化工产品生产过程是利用基础化学品或有机化工产品为原料，经过聚合反应生产合成纤维、合成塑料、合成橡胶(即三大合成材料)等最终产品。

石油化学工业的概貌如图 2-1 所示。

一、原料

石油化工生产的主要原料是轻烃和原油中的馏分油，包括乙烷、丙烷、丁烷、液化石油气中正构烷烃、石脑油、炼油过程副产干气、加氢裂化尾油、轻柴油等。

石脑油是 $C_4 \sim C_{12}$ 的烷烃、环烷烃、芳烃组成的混合物。

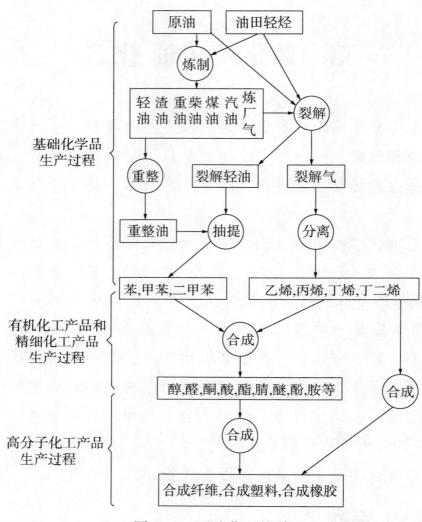

图 2-1　石油化工概貌

通常由原油直接蒸馏得到，也可以由二次加工装置生产。石
脑油是蒸汽裂解制取乙烯、丙烯，催化重整制取苯、甲苯、
二甲苯的重要原料。作为裂解原料，希望石脑油组成中烷烃
和环烷烃的含量大于 **70%**（体积）；作为芳烃原料，希望环烷

烃、芳烃含量大于 40%(体积)，而且都是含量越高越好。

正构烷烃含量比较高的轻柴油也可以用作裂解制乙烯的原料。

蜡油加氢裂化的尾油是加氢裂化装置产品中最重的馏分，可作为裂解原料。

含有乙烯、乙烷的炼油过程副产干气可先分离出粗乙烯，进入乙烯装置中的分离系统进一步提纯，分离出来的乙烷可作为裂解原料。乙烷还可来自富含乙烷的常规天然气及页岩气等油田气。乙烷在蒸汽裂解过程中乙烯收率最高。

丙烷、正丁烷也是裂解制乙烯的好原料，来源有炼油厂的饱和液化气、油气田轻烃、富含丙烷和丁烷的页岩气。

我国的乙烯装置受资源制约，主要用石脑油作裂解制乙烯原料。

二、主要工艺过程及产品

石油化工原料及主要产品如图 2-2 所示。

(一)基础化学品

1. 乙烯装置

乙烷、丙烷、石脑油、加氢裂化尾油、轻柴油等原料在升温过程中用蒸汽稀释，升温达到一定温度进入裂解炉，在高温下发生裂解反应，生成含有氢气、甲烷、乙烷、乙

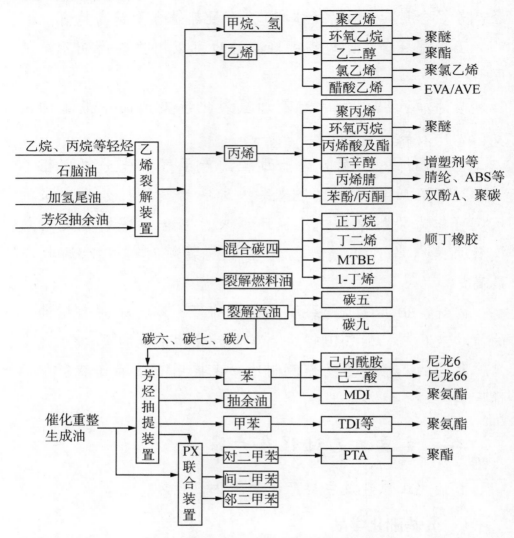

图 2-2　石油化工原料及主要产品

烯、丙烷、丙烯、丁二烯等复杂化合物的裂解气。高温裂解气经过热量回收、快速冷却、压缩加压后，进入乙烯分离系统，在低温下通过多个精馏塔提纯分离出乙烯、丙烯、混合碳四、裂解汽油等产品。

2. 丙烷脱氢装置

丙烷脱氢装置是丙烷在高温（450℃以上）条件和催化剂的作用下进行脱氢反应生成丙烯的生产装置。过去世界丙烯产量中来自乙烯装置和炼油催化裂化装置的比例约分别占70%和30%，近几年来，美国富含丙烷的页岩气产量上升，市场上丙烷供应充足，丙烷脱氢制丙烯的产量快速增长。我国以民营企业为主，已建成了多个丙烷脱氢制丙烯装置。

丙烯最主要的下游产品是聚丙烯，占全球丙烯消费量的50%以上，另外丙烯可制丙烯腈、异丙醇、苯酚和丙酮、丁醇和辛醇、丙烯酸及其酯类、环氧丙烷和丙二醇、环氧氯丙烷和合成甘油等。

3. 丁二烯抽提装置

丁二烯抽提装置是以乙烯装置副产的混合碳四为原料，利用碳四中不同组分在溶剂中的溶解度不同，分离提纯制取丁二烯的生产装置。

根据采用溶剂不同，丁二烯抽提装置可分为乙腈（ACN）法、二甲基甲酰胺（DMF）法和 N-甲基吡咯烷酮（NMP）法。

丁二烯是生产合成橡胶的主要原料，大量用于生产顺丁橡胶、丁苯橡胶和丁腈橡胶；还可与苯乙烯共聚，生产各种用途广泛的合成树脂(如 ABS 树脂、K 树脂、MBS 树脂)和热塑性弹性体 SBS；另外丁二烯还可用于生产己二腈、己二胺、尼龙 66、1,4-丁二醇等有机化工产品，用途十分广泛。

4. 异丁烯装置

异丁烯装置是甲基叔丁基醚(MTBE)或叔丁醇在催化剂作用下发生分解反应生产异丁烯的生产装置。

含有异丁烯的炼油厂碳四液化气或乙烯装置副产的混合碳四在催化剂作用下和甲醇反应可生成甲基叔丁基醚，和水反应可生成叔丁醇。

异丁烯主要是用作丁基橡胶的原料，也是一种重要的有机合成原料。

5. 1-丁烯装置

1-丁烯装置是用乙烯装置副产的混合碳四或炼厂液化气为原料，通过精馏塔分离制 1-丁烯的生产过程。也有采用乙烯双聚生产 1-丁烯的。

1-丁烯主要作为低密度聚乙烯的共聚体。1-丁烯在催化剂作用下可生产聚丁烯，是一种有发展潜力的高性能合成树脂材料。

6. 苯乙烯装置

苯乙烯装置是以乙烯和苯为原料生成乙苯，乙苯再经过高温催化脱氢生产苯乙烯的装置。目前国内大部分苯乙烯都采用乙苯脱氢法生产。

苯乙烯主要用于生产苯乙烯系列树脂、丁苯橡胶、SBS、苯乙烯与丁二烯共聚胶乳、醇酸树脂、不饱和聚酯树脂和甲基丙烯酸甲酯-丁二烯-苯乙烯共聚树脂（MBS）等。苯乙烯系列树脂的产量在世界合成树脂中仅次于聚乙烯、聚氯乙烯；主要产品有聚苯乙烯、ABS等。

7. PO-SM 装置

环氧丙烷/苯乙烯（PO-SM）装置是以乙苯和丙烯为原料联产环氧丙烷、苯乙烯的生产装置。乙烯和苯反应生成的乙苯和空气中的氧发生反应生成过氧化氢乙苯，过氧化氢乙苯再与丙烯反应生成苯乙烯和环氧丙烷。环氧丙烷/苯乙烯（PO-SM）联产工艺流程长，回收和纯化较为复杂，氧化反应安全要求较严，但该工艺同时生产苯乙烯和环氧丙烷两种产品，深得生产商喜爱。

8. 环氧丙烷装置

环氧丙烷（PO）装置的主要生产工艺有氯醇法、共氧化法（Halcon 法）和直接氧化法（HPPO）。氯醇法生产环氧丙烷废水和废渣量大，生产过程设备腐蚀严重，但工艺成熟，建设投资少，产品成本有竞争力，目前占世界总能力的比例约40%。共氧化法（如前述 PO-SM）占世界总能力约55%。直接氧化法（HPPO）是最近发展的绿色合成工艺技术，是在分子筛催化剂作用下，丙烯和双氧水反应直接生成环氧丙烷的工艺过程。

环氧丙烷的主要用途是生产聚醚多元醇、丙二醇、丙二醇醚。

9. 乙二醇装置

乙二醇装置包括环氧乙烷和乙二醇两个工艺单元。乙烯采用银催化剂直接和氧气发生环氧化反应生成环氧乙烷，经提纯后环氧乙烷可作商品销售。

环氧乙烷与水在一定温度条件下发生水合反应就得到了乙二醇，同时副产少量二乙二醇和三乙二醇。乙二醇水溶液蒸发脱水精馏提纯得到聚合级乙二醇产品。

环氧乙烷是重要的有机化工原料，约70%用于生产乙二醇，其他用于生产表面活性剂。乙二醇主要用于生产聚酯，少量用于生产汽车用防冻液。

10. 丁辛醇装置

丁辛醇装置以丙烯为原料，和一氧化碳在催化剂作用下发生羰基合成反应就可得到丁醇和异辛醇，其中丁醇包括正丁醇和异丁醇。

正丁醇主要用于生产丙烯酸丁酯、甲基丙烯酸丁酯、醋酸丁酯、乙二醇醚、增塑剂邻苯二甲酸二丁酯（DBP）、氨基树脂和丁胺等，以及油漆与涂料、化妆品、医药等的溶剂。

异辛醇主要用于生产改善塑料加工性能的增塑剂，还可用于合成润滑剂、抗氧化剂、溶剂和消泡剂以及纸张上浆、照相、胶乳和织物印染等。

11. 苯酚丙酮装置

苯酚丙酮装置有异丙苯、异丙苯氧化和苯酚丙酮三个工艺单元。丙烯和苯在催化剂作用下得到异丙苯,异丙苯提纯后与空气中的氧气发生氧化反应生成过氧化氢异丙苯,过氧化氢异丙苯脱水提浓至规定浓度(浓度高会发生爆炸)后,在硫酸催化剂作用下发生分解反应生成苯酚与丙酮,经蒸馏提纯分别得到苯酚与丙酮产品。该工艺是目前最主要的苯酚生产方法。苯酚与丙酮的产出比例一般为5:3。

苯酚主要用于生产酚醛树脂、双酚A、己内酰胺、烷基酚、苯胺以及染料、增塑剂、医药、农药等精细化学品。

丙酮是一种优良溶剂,也是生产甲基丙烯酸酯、双酚A的重要原料,广泛用于医药、农药、涂料等行业。

12. 丙烯腈装置

丙烯腈装置都采用丙烯氨氧化生产工艺,在高温下,丙烯、氨和空气在流化床反应器中的催化剂作用下发生丙烯氨氧化反应制得丙烯腈,经压缩提纯得到丙烯腈产品。

丙烯腈分子性质活泼,易聚合,也易与其他不饱和化合物共聚,是三大合成材料的重要单体。丙烯腈是合成纤维(腈纶)、合成橡胶(丁腈橡胶)、合成塑料(ABS)的主要单体。

13. 1,4-丁二醇装置

1,4-丁二醇装置已经实现工业化的工艺方法主要有:

①Reppe 法(以甲醛和乙炔为原料);②丁二烯法(以丁二烯和醋酸为原料/以丁二烯和氯气为原料);③烯丙醇氢甲酰化法(以环氧丙烷/烯丙醇为原料);④正丁烷-顺酐法(以正丁烷-顺酐为原料)。其中以 Reppe 法为主。

1,4-丁二醇(BDO)是一种重要的有机化工和精细化工原料。主要用于生产四氢呋喃、工程塑料聚对苯二甲酸丁二醇酯(PBT)、聚氨酯树脂等。此外,还可用于生产增塑剂、固化剂、增湿剂、润滑剂、柔软剂、胶黏剂等。

14. 氯乙烯装置

乙烯氧氯化法生产氯乙烯(VCM)的生产工艺包括乙烯与氯气直接发生氯化反应生成二氯乙烷(EDC),二氯乙烷裂解生成氯化氢和氯乙烯,氯化氢与乙烯、氧气进行氧氯化反应生成二氯乙烷三个单元。除我国外,世界各国都用乙烯作原料生产氯乙烯。

我国氯乙烯生产绝大部分以煤为原料,用煤生产电石,电石水解得到乙炔,乙炔与氯化氢反应生成氯乙烯。

氯乙烯是聚氯乙烯(PVC)树脂的单体。氯乙烯主要用于生产聚氯乙烯。

15. 1-己烯装置

1-己烯生产主要有石蜡裂解法和乙烯齐聚法等工艺。其中乙烯齐聚法已经发展成为主要的生产方法。乙烯齐聚法是乙烯在催化剂作用下发生乙烯三聚反应生成 1-己烯的过程。

1-己烯是聚乙烯的重要共聚单体。1-己烯共聚聚乙烯因有较长的支链结构，而具有优良的拉伸强度、抗撕裂强度、透明性及耐环境应力开裂性能，特别适合生产包装膜和农用覆盖膜。

16. 己内酰胺装置

己内酰胺装置目前主要有三种工艺路线，分别是①环己酮-羟胺工艺，以苯为原料；②环己烷光亚硝化工艺，以环己烷为原料；③甲苯工艺，以甲苯为原料。其中环己酮-羟胺工艺是生产己内酰胺的主要工艺。

己内酰胺是重要的有机化工原料之一，主要用途是通过聚合生成聚酰胺切片（通常叫尼龙 6 切片或锦纶 6 切片），可进一步加工成锦纶纤维、工程塑料、塑料薄膜。己内酰胺还是一种优良的溶剂，可用作清洗剂，或用作药物生产原料，用途十分广泛。

17. 芳烃联合装置

芳烃（包括苯、甲苯、二甲苯）主要由环烷烃含量高的石脑油催化重整后的生成油经芳烃抽提、精馏等工艺制得。图 2-3 是催化重整生产芳烃的示意图。乙烯副产的裂解汽油和煤焦油加氢精制后，也可通过芳烃抽提和精制得到苯、甲苯和二甲苯。

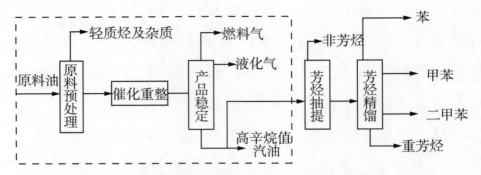

图 2-3 催化重整装置生产芳烃示意图

苯、甲苯、二甲苯的分子结构示意如下：

| 苯 | 甲苯 | 对二甲苯 | 间二甲苯 | 邻二甲苯 |

苯作为石油化工的基础原料，用来生产乙苯、异丙苯、环己烷，进而生产苯乙烯、苯酚、己内酰胺。甲苯作为石油化工基础原料可以用来生产甲苯二异氰酸酯等产品，甲苯二异氰酸酯是市场上经常可见的人造革、重要的隔热材料聚氨酯泡沫塑料的重要原料。用量最大的芳烃产品是对二甲苯（PX）。我们日常生活中常见的涤纶纤维织物和矿泉水瓶都是用对二甲苯做基础原料，图 2-4 是生产对二甲苯的芳烃联合装置流程图。

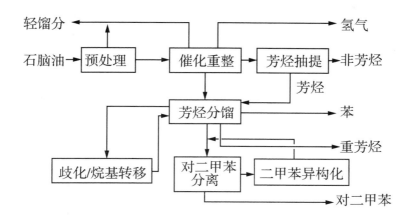

图 2-4 生产对二甲苯的芳烃联合装置流程图

（1）歧化

歧化是在催化剂作用下，使甲苯转化成二甲苯的反应过程，通过歧化反应，一个甲苯分子上的甲基转移到另一个甲苯上变成了苯，另一个甲苯变成二甲苯。

（2）烷基转移

烷基转移是在甲苯歧化反应过程中加入 C_9、C_{10} 等重芳烃(苯环上带有三个甲基或四个甲基的芳烃)，重芳烃与甲苯反应将苯环上的甲基转移到甲苯上变成二甲苯，三甲苯、四甲苯由于失去了甲基变成二甲苯。

（3）对二甲苯吸附分离

二甲苯苯环上的两个甲基由于所处的位置不同，形成了对、间、邻三个异构体，这三个异构体沸点差很小，常用的精馏方法很难使其分离，吸附分离利用三个异构体在特别的

57

分子筛上吸附与解吸能力的差异，将其分离得到高纯度对二甲苯。二甲苯对、间、邻三个异构体的结晶温度差异大，也有利用此差异通过结晶分离生产对二甲苯的工艺。据有关资料介绍再打浆二段结晶分离二甲苯工艺比吸附分离投资及能耗更低。

（4）二甲苯异构化

受热力学平衡限制，一般二甲苯三个异构体中对二甲苯含量不超过20%，吸附分离将对二甲苯分离出去后，剩余的主要是间二甲苯和邻二甲苯，异构化是在临氢条件一定反应温度、压力和催化剂作用下，将间、邻二甲苯异构成对二甲苯，达到新的热力学平衡的反应过程。

18. 对苯二甲酸(PTA)装置

PTA装置是通过对二甲苯(PX)氧化及粗对苯二甲酸(CTA)加氢精制得到精对苯二甲酸(PTA)的生产过程。

PTA是芳烃产品链的重要产品。PTA应用非常集中，全球至少95%以上的PTA用于生产聚酯(PET)，其他少量部分用于生产聚对苯二甲酸丙二醇酯(PTT)、聚对苯二甲酸丁二醇酯(PBT)以及其他产品。这些产品广泛地用于化工、电子、机械、纺织医药和食品等工业部门。PTA最大消耗是用于生产聚酯纤维、聚酯薄膜、聚酯瓶等。

（二）合成树脂

合成树脂是人类利用化学合成的方法生产出来的一种

与天然树脂类似的有机高分子聚合物。如果以合成树脂为基料，加上染料或颜料及各种助剂等辅助材料，经过加工，即可制成具有一定特性的可塑材料，通常称为"塑料"。

1. 合成树脂的分类

合成树脂可按加工成型特性、制品应用功能或聚合物主链结构等进行分类。按制品应用功能分类，可分为通用树脂、工程树脂和功能树脂。

通用树脂：来源丰富、生产量大、应用面广、价格便宜，且易于成型加工，如聚乙烯、聚丙烯、聚氯乙烯、聚苯乙烯等。

工程树脂：物理机械性能、电性能及耐环境应力开裂性能优异，可替代金属或非金属作为工程结构材料使用，如ABS(丙烯腈-丁二烯-苯乙烯共聚物)、尼龙、聚甲醛、聚碳酸酯、聚苯醚等树脂。

功能树脂：具有某种特异功能的树脂，如离子交换树脂、高吸水性树脂、光敏树脂、螯合树脂等。

2. 合成树脂的生产

不同类型的合成树脂，其生产方法不一样，即使相同类型的合成树脂，也有不同的生产方法。如高密度聚乙烯就有乙烯淤浆聚合、溶液聚合和气相聚合三种生产工艺；低密度聚乙烯则有高压聚合工艺和气相法聚合工艺，两种工艺生产的聚乙烯都是低密度聚乙烯，但性能上有很大不同，高压法分子链上常有侧链，气相法分子链是线型的又叫线型低密度聚乙烯，性能不同，用途也就不同。

3. 合成树脂的用途

合成树脂具有优异的性能，它密度小、强度高、耐腐蚀性能好。一般来说，塑料的密度只有钢铁的 1/7 到 1/5，比钢铁和玻璃要轻得多，聚乙烯和聚丙烯比水还轻。低发泡塑料是一种相对密度在 0.5 左右并具一定强度的新型材料，高发泡塑料是一种良好的隔音和绝热、防震材料。虽然钢铁等传统材料在强度、刚度、耐温等多个方面占优势，但塑料以其优异的耐腐蚀性和相对密度小，强度和刚度大，摩擦系数小，耐磨，绝缘性好，易成型加工，复合能力强等优良的综合性能，大大提高了它的应用价值。如用各种高强度、高模量纤维和相应的合成树脂复合、增韧、改性可使合成树脂在机械力学和化学性能方面得到极大的改善，使合成树脂成为一种优质、多功能的结构材料。

由于合成树脂的性能优异，品种众多，因此它在某些方面可取代传统材料，如钢铁、有色金属、木材、纸张、棉、麻、丝、毛、皮革、玻璃、陶瓷、水泥等，并成为传统材料的有力竞争者，"以塑代钢"、"以塑代木"是其竞争力的标志。

主要合成树脂的用途见表 2-1。

表 2-1　主要合成树脂的用途

合成树脂类别		主　要　用　途
聚乙烯	低密度聚乙烯	薄膜：食品包装、商业和工业用包装、购物袋、垃圾袋等
		注塑制品：家用器皿、玩具、医用品等
		挤出涂覆：牛奶及果汁饮料纸盒和非食品包装涂覆等
		电力：各种电线电缆产品的绝缘和护套
	高密度聚乙烯	吹塑制品：日用容器、医用药瓶、汽车油箱、化学品贮罐等
		注塑制品：饮料和食品的周转箱、机器零件等
		薄膜：食品和工农业产品的包装、农用地膜、购物袋等
		管材：天然气管、煤气管、固体输送管、城市排水管等
		单丝：渔网、建筑用安全网、民用纱窗等
		发泡制品：可作合成木材和合成纸。合成木材用于汽车坐板、挡板、轮船甲板；合成纸可用于地图及重要文件用纸。
	线型低密度聚乙烯	薄膜：食品和工业用包装、农用膜和垃圾袋
		注塑制品：桶、容器等
		电力：光缆和电力电缆的绝缘和夹套，电话电缆的绝缘材料
		大型容器：农用贮槽、化学品贮槽、儿童玩具等
		建筑：管材、片材、板材等
	超高分子量聚乙烯	物流：输送煤炭、水泥、小麦、石灰石、砂糖等粉粒的溜槽、料斗和储仓的衬里
		食品工业：部件，防止了玻璃瓶的破损，降低了噪音和磨损
		农机：农耕机械的衬里
		机械：耐蚀泵、阀门、板框过滤机的板框和框架等；作冷冻机、低温装置的机械部件
		电力：原子能发电站的遮蔽板
		运动：旱冰场的地面、冰鞋托轮、滑雪车的托板
		军事：防弹衣、飞机安全带等
		其他：食品工业中的砧板、制鞋工业的冲床砧板、人工关节的耐磨面等

续表

合成树脂类别		主 要 用 途
聚丙烯		生活：家具、餐具、厨房用具、盆、桶、玩具等
		农业：各种农具、渔网、蘑菇培养瓶等
		汽车：方向盘、仪表盘、保险杠等
		家用电器：电视机外壳、收录机外壳、洗衣机内桶等
		纺织：编织袋、打包带、重包装袋、透明的玻璃纸等
		食品：食品的周转箱、食品包装等
		服装：工业用布、地毯、服装布、装饰布和土工布等
		医疗：一次性注射器、手术用服装、个人卫生用品等
		印刷：彩色印刷用纸
聚氯乙烯		建筑：门窗、吊顶、上水管等；食品包装
		薄膜：农用棚膜、塑料布、棚布和吹气玩具、包装材料等
		鞋业：凉鞋、拖鞋和鞋底等
		人造革：用于制作箱包和沙发等家具
		电力：作电线电缆护套料
		其他：运动鞋、汽车座垫、地板革、壁纸等
聚苯乙烯	通用聚苯乙烯	日用品、文具、灯具、室内外装饰品、化妆品容器、果盘、仪表外壳、光学零件、电子电器配件、电信器材、家电零配件、各种罩壳和食品包装等
	高抗冲聚苯乙烯	食品、化妆品、日用品、机械仪表和文教器材的包装
		家用电器和仪表的外壳、电器配件、按钮、汽车零件、医疗设备附件、体育文娱用品、办公用品、照明器材、家具、玩具等
	发泡聚苯乙烯	电子机械制品、农副产品、食品的包装；玩具
		建筑领域用作隔热、隔音、保温材料

4. 合成树脂主要生产装置

（1）低密度聚乙烯

以乙烯装置来的乙烯为单体，在高压条件（180~345MPa）和在有机过氧化物引发剂存在下生产聚乙烯，其产品为低密度聚乙烯。低密度聚乙烯主要用于生产食品、工业和商业用包装薄膜，家用器皿、玩具和医用品，各种电线电缆的绝缘护套。

（2）高密度聚乙烯

以乙烯装置来的乙烯在较低压力（0.4~3.9MPa）下，采用催化剂生产的聚乙烯，其产品为高密度聚乙烯，生产工艺有浆液法、气相法和溶液法三种。

高密度聚乙烯主要用于生产食品和工农业产品的包装薄膜、农用地膜、购物袋，天然气管、城市给排水管、日用容器、医用药瓶、汽车油箱和化学品储罐等。

（3）线型低密度聚乙烯

线型低密度聚乙烯的主要生产方法是气相法。线型低密度聚乙烯的单体除乙烯外，有时还加入少量共聚单体。气相法是乙烯和共聚单体在催化剂存在下直接在流化床反应器内反应生成线型低密度聚乙烯。

线型低密度聚乙烯主要用于生产农业的地膜和土工膜、食品和工业用包装膜、垃圾袋等，用于挤出成型电话电缆的绝缘层、光缆和电力电缆的绝缘层和夹套，还可用于加工中空制品和管材。

（4）聚丙烯装置

聚丙烯是一种通用热塑性树脂。该装置以乙烯装置或炼厂来的丙烯为原料经催化聚合生产聚丙烯。聚丙烯从组成上可分为均聚聚丙烯和共聚聚丙烯。均聚聚丙烯由单体丙烯聚合而成，共聚聚丙烯是由丙烯与共聚单体乙烯或丁烯聚合而成。均聚聚丙烯可分为等规聚丙烯（IPP）、间规聚丙烯（SPP）和无规聚丙烯（APP）。市场需求量最大的是等规聚丙烯。聚丙烯主要用于生产电视机外壳、洗衣机内桶，汽车的方向盘、仪表盘和保险杠，编织袋、打包带，食品的周转箱、食品包装等。

（5）聚苯乙烯装置

该装置是以苯乙烯为单体聚合生成合成树脂，主要有乳液聚合和本体聚合两种聚合方法，乳液聚合法是苯乙烯在与水形成的乳液体系中发生聚合反应生成聚苯乙烯的过程，该产品主要用于生产发泡聚苯乙烯材料。本体聚合法是苯乙烯直接发生聚合反应生产聚苯乙烯树脂的过程。生产过程中，仅加少量引发剂，甚至不加引发剂，而依赖受热引发单体苯乙烯聚合，而且无需反应介质。生产抗冲击的聚苯乙烯材料时，要先在苯乙烯中溶解约1%的丁二烯橡胶，再引发苯乙烯聚合。

本体法聚苯乙烯主要用于生产日用品、文具、灯具、室内外装饰品、仪表外壳、光学零件、电子电器配件、电信器材等。

64

（6）ABS 装置

ABS 树脂是由丙烯腈（Acrylonitrile）、丁二烯（Butadiene）和苯乙烯（Styrene）三种单体组成的三元共聚物，为简化命名，取每个单体英文名字的第一个字母，故称为 ABS 树脂。ABS 树脂的工业生产方法主要有乳液接枝法、乳液接枝掺合法和连续本体法。

乳液接枝法是使苯乙烯单体和丙烯腈接枝在聚丁二烯胶乳上得到 ABS 树脂。乳液接枝掺合法是乳液接枝法的发展，将部分苯乙烯单体和丙烯腈与聚丁二烯橡胶乳液进行乳液接枝共聚，而以另一部分苯乙烯和丙烯腈单独进行共聚，生成苯乙烯-丙烯腈共聚物，然后将两者以不同比例掺混，得到各种牌号的 ABS 树脂。连续本体法是将聚丁二烯橡胶直接溶解于苯乙烯和丙烯腈中进行本体聚合，从而制得 ABS 树脂。

ABS 树脂具有良好的综合物理机械性能，广泛用于汽车工业、电器仪表工业和机械工业中，其最大的用途是制作家用电器及家用电子设备的零部件。

（7）聚氯乙烯装置

聚氯乙烯是由氯乙烯单体聚合而成的热塑性树脂。该装置以氯乙烯为单体聚合生产聚氯乙烯。聚氯乙烯主要有四种生产方法：悬浮法、乳液法、本体法和溶液法。其中，悬浮法是采用最多的一种方法，约占聚氯乙烯总生产能力的 80%。

聚氯乙烯具有很高的化学稳定性和优良的可塑性，而且具有很好的耐候性和阻燃性，广泛应用于生产型材、异型材、管材管件、电缆护套、硬质或软质管和薄膜等产品。

（8）聚碳酸酯

聚碳酸酯（简称 PC）是一种用途广泛的工程塑料，生产工艺有两种：一种是由双酚 A 和光气反应而合成的；另一种是双酚 A 和碳酸二苯酯发生熔融缩聚反应而生成，反应在高温真空条件下进行，缩聚产生的苯酚不断从反应器中排除，产物聚碳酸酯的分子量得到提高，成为合格产品。后者又称为非光气法工艺，是聚碳酸酯工艺的发展方向。

聚碳酸酯无色透明，耐热性和抗冲击性优良，加工性能好，不需要添加剂就具有阻燃性能。PC 近年来大量用于制造工业机械零件、计算机电子设备、饮水杯和净水桶等中空容器，用于制作飞机风挡、透明仪表板和门窗玻璃。

（三）合成橡胶（Synthetic Rubber）

合成橡胶与天然橡胶虽来源不同，但性能类似，都是国民经济和人们日常生活中不可或缺的重要材料。

1. 合成橡胶的分类

合成橡胶的分类可以按照其使用的原料单体、催化剂和主要用途来分类。按其主要用途，可以分为通用合成橡胶、特种合成橡胶及其他橡胶三大类（如图 2-5 所示）。通用合成橡胶是指产量大、用途广的合成橡胶产品；特种合成橡胶则是指具有某种特别的优良性能、具有特别用途的合成橡胶产品。

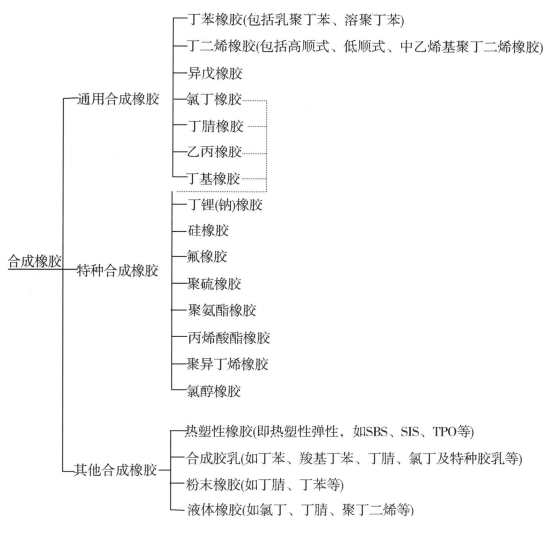

图 2-5　合成橡胶分类及主要品种

2. 合成橡胶的生产

合成橡胶是人工合成的具有天然橡胶弹性的又一大类高分子聚合物。

生产合成橡胶所用的主要原料大都来自石油裂解所制得的基础原料及其衍生出来的基本有机原料(也叫单体),除乙烯、丙烯外,最重要的合成橡胶单体有丁二烯、苯乙烯、丙烯腈等。合成橡胶的生产主要包括单体聚合、聚合物的凝聚、洗涤、干燥等工艺过程。

从石油加工过程中得到的合成橡胶单体以及对应制取的合成橡胶种类如图 2-6 所示。

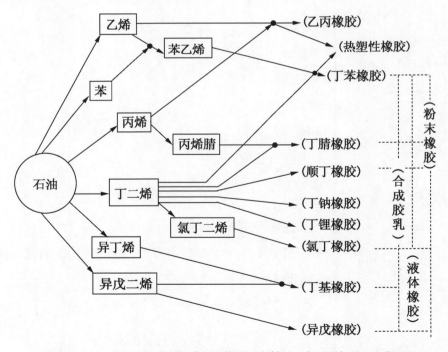

图 2-6　从石油制得合成橡胶单体和合成橡胶示意图

3. 合成橡胶的用途

合成橡胶可以用来制造各种轮胎(包括汽车轮胎、飞机轮胎、自行车胎、摩托车胎等),胶带、胶管、胶鞋、电线电缆、密封制品、织物涂层、防水建材、医用橡胶制品、胶黏剂、乳胶制品(手套、气球、防水衣等)以及儿童玩具、日用杂品和多种机械仪器零部件用配套制品等。合成橡胶的主要品种及用途见表2-2。

4. 合成橡胶生产装置

(1)乳聚丁苯橡胶装置

该装置以丁二烯和苯乙烯为单体经乳液聚合而制得丁苯橡胶。其生产方法有高温聚合(又称热法)和低温聚合(又称冷法)两种。高温聚合所得产品质量不如低温聚合产品,目前很少采用。

乳聚丁苯橡胶的综合物性优良,易于塑炼加工,其耐热、耐磨、耐老化性能优于天然橡胶。它是最通用的合成橡胶品种,适应于制作各种轮胎、胶管、胶带、胶板、胶辊、电线电缆和其他橡胶制品。

(2)溶聚丁苯橡胶装置

溶聚丁苯橡胶是溶液聚合丁苯橡胶的简称,是以丁二烯和苯乙烯为单体,采用锂系引发剂通过溶液聚合反应生产的丁苯橡胶。

表2-2 合成橡胶的主要用途

合成橡胶类别		主 要 用 途
通用合成橡胶	丁苯橡胶	（1）各种轮胎、胶管、胶带、胶鞋、胶板、胶辊、电线电缆和橡胶制品； （2）耐热运输带、皮带、刮水板、窗框密封及散热器软管；胶鞋、雨衣、毡布、手套、风衣及气垫床等
	顺丁橡胶	各种轮胎；胶管、运输带、胶板、胶鞋、胶辊、文体用品及其他橡胶制品；增韧补强改进剂
	丁腈橡胶	模制品、压出制品、海绵制品、石棉制品、工业胶辊、设备衬里、纺织胶圈、耐油胶鞋、手套、电线电缆、胶布、胶黏剂、增塑剂及建筑材料等
	氯丁橡胶	电缆护套、耐油胶管、胶板、运输带、胶皮水坝、各种密封圈垫、化工设备防腐衬里和鞋类黏结剂
	乙丙橡胶	（1）可提高热熔产品的耐低温性、柔软性和黏合性，可制成低滞后损失和高弹性泡沫，可改进电线包皮和管材产品的柔软性、抗撕裂性和电性能，可改进抗冲性、抗低温性和抗撕裂性，改善沥青热敏性； （2）制作成本低廉的橡胶化合物
	丁基橡胶	轮胎内胎、硫化水胎和胶囊，以及耐热胶管（供蒸汽或空调机用）、输送带、减震抗震材料、电缆电线；医用瓶塞、球胆和口香糖胶料；无内胎轮胎的密封层、耐热软管及输送带、耐热内胎、贮槽防腐内衬和胶黏剂等
	异戊橡胶	轮胎和其他橡胶制品；帘布、输送带、胶管、海绵、胶黏剂、电线电缆、机械制品以及医疗用具和胶鞋等
热塑性弹性体		鞋类制品、胶管、胶带、传送带、履带、小型充气轮胎等；改性剂，沥青防水建材和道路沥青改性剂；黏合剂和密封剂；汽车工业零部件；电线电缆的绝缘包覆材料

合成橡胶类别		主 要 用 途
合成胶乳与其他橡胶	合成胶乳	（1）泡沫海绵制品、探空气球、医用及工业用防护手套、围裙、雨衣、雨布、胶管、胶丝等； （2）纸张、纸板涂布、纸浸渍；地毯背衬、无纺布和织物浸渍；胶黏剂；胶乳沥青、胶乳水泥和胶乳石棉等；涂料、防火材料涂敷； （3）改善塑料的抗冲击性、耐高低温性和耐候性、耐燃性等
	液体橡胶	（1）涂料、密封材料、胶黏剂；木材、金属、混凝土和玻璃等具有优良黏结性能的胶黏剂、密封材料和防水材料；耐低温、防腐、电绝缘及水溶性的特种涂料；封装电气电子元件的密封材料，并可防潮防震；绝缘套管、皮带、防震材料及形状复杂的异型制品等； （2）电器制件、导热胶；水轮机叶片的涂料层；火箭固体推进剂的黏接剂，黏接、密封、灌封、喷涂材料等
	粉末橡胶	胶管、胶带、胶板、电缆护套以及模压制品（防震件、刹车制动件）等；垫圈、电缆护套等

溶聚丁苯橡胶具有优良的耐磨性、抗龟裂性，且对湿路面抓着力良好，是面向未来的通用合成橡胶新品种，有很大发展潜力。主要应用于绿色轮胎制造；还可制造耐热运输带、散热器软管等，在胶鞋、雨衣、手套及气垫床等日用品方面也有应用。

（3）顺丁橡胶装置

顺丁橡胶是顺式1，4-聚丁二烯橡胶的简称。该装置以丁二烯为单体，在溶剂存在和催化剂作用下，经溶液聚合反应，生产顺丁橡胶。按照催化体系区分，有镍系、钴系、钛系和稀土系顺丁橡胶。我国主要生产镍系顺丁橡胶，稀土顺丁橡胶是轮胎要求的新胶种。

顺丁橡胶具有较高的回弹性、优异的耐低温性、良好的耐磨性和共混加工性，广泛应用于制造各种轮胎，还可制造胶管、运输带、胶鞋及其他橡胶制品，也可用于合成树脂的增韧补强改性剂。

（4）丁基橡胶和溴化丁基橡胶装置

该装置以异丁烯和少量异戊二烯为单体，在低温（$-100\sim-96℃$）条件下和溶剂、引发剂存在下进行阳离子聚合反应生产丁基橡胶。丁基橡胶用己烷溶解后与溴发生反应生成溴化丁基橡胶。

丁基橡胶具有优异的气密性，良好的耐热老化性和耐臭氧性，主要用于制造自行车内胎、硫化水胎和耐热胶管，还可用作医用瓶塞、球胆和口香糖胶料。

溴化丁基橡胶除具有上述一般丁基橡胶的特性外，硫化速度更快，与天然橡胶、丁苯橡胶的相容性和黏着性有改善，并有更好的耐热性。溴化丁基橡胶更适应于无内胎轮胎的密封层、耐热软管及输送带、储槽防腐内衬。国内市场对溴化丁基橡胶的需求远大于丁基橡胶。

（5）丁腈橡胶装置

该装置以丁二烯和丙烯腈为单体，在自由基引发剂引发下，经乳液共聚合生产丁腈橡胶。丁腈橡胶的生产方法按聚合温度分为高温聚合和低温聚合两种。高温聚合温度在$30\sim$

40℃，产品称热聚丁腈硬胶；低温聚合温度在 5～10℃，产品称冷聚丁腈软胶。目前工业上主要采用低温聚合工艺。

丁腈橡胶的特点是耐油，耐热性和气密性比较好，主要用于制作耐油、耐溶剂的橡胶制品。

（6）乙丙橡胶装置

乙丙橡胶一般是乙烯、丙烯和少量降冰片烯等第三单体在己烷溶剂中和催化剂作用下发生共聚反应生成的弹性体材料。也有乙烯、丙烯及少量第三单体气相共聚生产乙丙橡胶的工艺，但其性能较差，使用范围窄。

乙丙橡胶耐臭氧、耐热等耐老化性能优异，广泛应用于汽车部件、建筑防水材料、电线电缆护套等。

（7）异戊橡胶装置

异戊橡胶是顺式 1，4-聚异戊二烯橡胶的简称。由于其结构与天然橡胶相同，主要物理机械性能又相似，所以异戊橡胶又称为"合成天然橡胶"。异戊橡胶装置以异戊二烯为单体在催化剂作用下，经溶液聚合方法生产异戊橡胶。

异戊橡胶聚合时选用的催化剂体系不同，产品性能会有差异。主要有 3 种催化剂体系：锂系、钛系和稀土系。钛系胶性能接近天然橡胶，所以工业上多采用钛系催化剂。稀土异戊橡胶具有更优异的性能，是异戊橡胶的发展方向。

异戊橡胶具有优异的综合性能，它可单独使用，也可与天然橡胶或其他通用合成橡胶并用。主要用于制造轮胎和其他橡胶制品，除了要求极为严格的航空或重型轮胎之外，几乎可以在一切领域中代替天然橡胶。另外，异戊橡胶也广泛用于制造输送带、胶管、电线电缆以及医疗用具和胶鞋等。

（8）SBS 装置

SBS 是聚苯乙烯-丁二烯-苯乙烯嵌段共聚物的简称。它是一种常温下具有弹性加热时具有塑性的热塑性弹性体，有线型 SBS 和星型 SBS 两类。星型 SBS 生产与线型 SBS 生产流程相似，主要是使用的催化剂体系不同。

SBS 的某些物理化学性能与丁苯橡胶相似，具有自补强性，主要用于塑料改性、橡胶改性、沥青改性和胶黏剂，也用于制鞋。

（9）SEBS

SEBS 就是一种饱和型的 SBS，也可以叫作氢化 SBS，是由特种线型 SBS 加氢使双键饱和而制得。

SEBS 是具有优异的耐老化性能的热塑性弹性体材料，广泛用于制造自行车胎塑料改性剂、胶黏剂、润滑油增黏剂、电线电缆的填充料和护套料等，还可用作医用高分子材料，如与聚丙烯共混制造医用输液袋等。

（四）合成纤维（Synthetic Fiber）

1. 合成纤维的分类

合成纤维已成为各种纺织制品的主要原料。根据其化学组成，可分为涤纶、腈纶、锦纶、丙纶、维纶等。以石油为原料可以生产出各种不同的合成纤维，如图 2-7 所示。

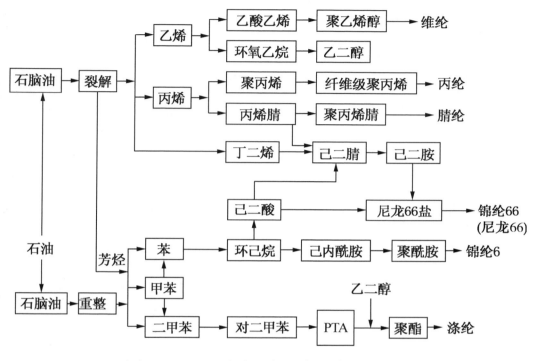

图 2-7　以石油为原料生产的合成纤维

2. 合成纤维的生产

合成纤维是人工合成得到高分子聚合物经纺丝和后加工而制得的纤维。以涤纶为例：其生产原料聚酯(PET)的熔体通过纺丝机中的喷丝孔流出形成丝束，经冷却、凝固再经拉伸及后加工处理，得到涤纶短纤维或长丝。作为其原料的聚酯，则是由对二甲苯发生氧化反应生成的精对苯二甲酸与乙二醇，经过缩合聚合反应而生成的聚合物。又如国防工业上使用的碳纤维，是丙烯腈加入少量的其他单体共聚合成得到聚丙烯腈，聚丙烯腈纺丝得到纤维再经过预氧化、碳化工序后得到的特种纤

75

维产品。图2-8是合成纤维典型生产流程示意图。

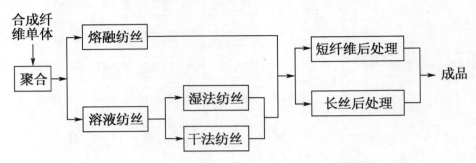

图 2-8　合成纤维生产流程示意图

3. 合成纤维的用途

合成纤维一般具有比较高的强度、耐磨、耐酸碱、质轻、保暖、抗霉蛀等特点。一些特种合成纤维还具有高强度、高模量、耐高温、电绝缘性能好等特殊性能。合成纤维在民用上可用作服装用料、装饰，可混纺、纯纺及机织等；在工业上可用做轮胎帘子线、绳索、渔网、运输带、工业用织物、无纺布、土工布、电气绝缘材料等；此外，还可用作医疗用布，航空、航天工业用特殊复合材料等。合成纤维的主要用途见表2-3。

表 2-3　合成纤维的主要用途

合成纤维类别		主要用途
涤纶	短纤维	衣着用织物或装饰用织物的原料；各种织物
	长丝	衣着面料、装饰织物，非织造布原料
	改性纤维	绳索、汽车安全带及轮胎子午线；抗静电、阻燃型、有色纤维等

合成纤维类别		主要用途
腈纶	腈纶短纤维	民用：服饰，如华达呢、大衣呢、运动衫、地毯、人造毛皮等；内衣、衬衫、雨衣布等；围巾、手套、袜子等；薄呢、外套和衣料。工业用：帆布、过滤材料、保温材料、包装用布、医疗材料等。军用：制作帐篷、防火服等
	腈纶长丝	
锦纶	锦纶短纤维	民用：服装、袜子、床上用品及箱、包、袋、伞等物品
		装饰用：窗帘布、家居装饰和地毯
	锦纶长丝	工业用：轮胎帘子线、传送带、安全带、工业用呢毯，以及渔网、绳索等
丙纶	丙纶长丝	服装用：各种针织品，如内衣、运动衫、袜等；衣衬、鞋衬等；绒线及起绒织物等
	丙纶短纤维	
	丙纶膜裂纤维	装饰用：地毯、装饰布(如沙发布、窗帘、贴墙布)及絮棉等
	丙纶膨体长丝	
	丙纶工业用丝	工业用：捆扎绳、渔网、安全带等；卫生制品、医用手术衣、帽、床上用品等；建筑业、水利工程等；香烟滤嘴填料等
	丙纶无纺布	
	丙纶烟用丝束	
维纶	维纶短纤维	服装用：各种棉纺织物；各种机织、针织织物；美丽绸
	维纶牵切纱	纤维增强材料：作为塑料、水泥、陶瓷的增强材料；石棉板、渔网、绳缆、帆布、包装材料、水泥袋等
氨纶	氨纶纱	泳衣、弹力牛仔布和灯芯绒织物；运动服；针织内衣、衣服的领口、袖口、袜口等；医疗用绷带、手术线、人造皮肤等
	氨纶织物	

续表

合成纤维类别		主要用途
聚对苯二甲酸丁二酯纤维（PBT）	短纤维	泳衣、网球服、弹力牛仔服等；衣料；弹力劳动布；多孔暖絮片、簇绒地毯等
	长丝（牵伸丝和弹力丝）	
聚对苯二甲酸丙二醇酯纤维（PTT）		服装、室内装饰、工程塑料及包装材料等；薄膜、包装瓶等
碳纤维	聚丙烯腈纤维基型	用作合成树脂、金属和陶瓷中的基体；碳纤维的复合材料广泛用于机电、化工、交通运输行业
	沥青纤维基型	
	黏胶纤维基型	
纳米纤维		用作功能纤维

4. 合成纤维生产装置

（1）PET 装置

PET 是聚对苯二甲酸乙二醇酯的英文缩写，简称聚酯，是涤纶的原料。该装置以对苯二甲酸（PTA）与乙二醇为原料，经酯化和缩聚反应生产 PET。

（2）涤纶（长丝、短丝）装置

该装置以 PET 为原料经纺丝而制成涤纶。涤纶分为长丝和短丝。

涤纶是合成纤维中生产和消费量最大、应用领域最宽的品种。涤纶强度及模量高，吸水性低，其应用领域包括服装、家用纺织品和产业用纺织品。在产业领域的发展速度很快，其中帘子线、土工布、医疗保健用纤维、农业和渔业用织物、建筑用织物等均大量采用涤纶为原料。涤纶短丝可用作衣着用织物或装饰用织物的原料，也可用于工业用毛毯及织造布的原料；可用于纯纺，也可以与天然纤维、其他合成纤维混纺做各种织物，用于生活、工业各个方面。

（3）PBT

PBT 是聚对苯二甲酸丁二醇酯的简称，是由精对苯二甲酸(PTA)与 1,4-丁二醇缩聚而生成的另一种聚酯。

PBT 纤维主要品种有短纤维及长丝中的弹力丝和牵伸丝两大类。PBT 有良好的尺寸稳定性和较高的弹性，较强的耐热性、耐光性和耐腐蚀性，染色性能优良。可与 PET 制取 PBT/PET 共混纤维和 PBT/PET 复合纤维。共混纤维可用作仿毛、仿羽绒原料，PBT 纤维可用于生产弹性织物。

PBT 还是一种工程塑料，可用于制造电器元件和机械、仪器仪表零部件等。

（4）腈纶装置

腈纶是聚丙烯腈纤维的简称。该装置以丙烯腈单体和少量第二、第三组分为原料，经聚合、纺丝生产腈纶。

腈纶分短纤维和长丝两类。腈纶短纤维是腈纶的主要产品。腈纶长丝由于用途所限，产量较少。腈纶性能优良，被称为人造羊毛，主要特性是质轻保暖、易染色且色彩鲜艳、易洗快干、防蛀、防霉、耐日晒。

腈纶 90%以上为民用，产业领域的消费量仅占 3%左右。腈纶可纯纺，替代羊毛或与羊毛混纺制成织物、棉织物等。

（5）锦纶装置

锦纶是聚酰胺纤维的统称，又称尼龙，主要品种有锦纶 6、锦纶 66。锦纶 6 以己内酰胺为原料聚合制得，锦纶 66 以己二胺和己二酸为原料通过缩聚制得。

锦纶强度高，耐磨性强，吸湿性、染色性较好，长期日晒强度会下降。锦纶应用范围广泛，大量用于服装、家居装饰、汽车轮胎帘子线、安全带、绳索等。

（6）超高分子量聚乙烯纤维装置

将超高分子量聚乙烯溶解于特定的溶剂中，制成半稀溶液作为纺丝原液，从喷丝孔喷出后在低温凝固浴中成型变成带有大量溶剂的凝胶状丝条，凝胶丝条经萃取处理后进行超倍拉伸，即得到超高分子量聚乙烯纤维。

超高分子量聚乙烯(UHMW-PE)的纤维强度高达 30.8 cN/dtex,比强度是合成纤维中最高的，又具有较好的耐磨、耐冲击、耐腐蚀、耐光等优良性能。它可直接制成绳索、缆绳、渔网和各种织物，防弹背心和衣服、防切割手套等，其中防弹衣的防弹效果优于芳纶。国际上已将超高分子量聚乙烯(UHMW-PE)纤维织成不同纤度的绳索，取代了传统的钢缆绳和合成纤维绳等。超高分子量聚乙烯(UHMW-PE)纤维的复合材料在军事上已用作装甲兵器的壳体、雷达的防护外壳罩、头盔等；体育用品上已制成弓弦、雪橇和滑水板等。

80

(7) 碳纤维装置

碳纤维是以聚丙烯腈纤维、沥青纤维、黏胶纤维为原料，在 1000~2300℃ 高温下碳化而生成的一种高强度、高模量、高化学稳定性、耐高温的纤维，是一种用于增强复合材料的高性能纤维。

碳纤维按原料来源可分为聚丙烯腈基碳纤维、沥青基碳纤维、黏胶基碳纤维，三类碳纤维性能上各有所长，聚丙烯腈基碳纤维的强度、模量等综合性能最优，市场需要的主要是聚丙烯腈基碳纤维。

碳纤维主要用于生产复合材料，在复合材料中以骨架形式出现。这种结构材料质轻、耐高温，并有很高的抗拉强度和弹性模量，是制造火箭、导弹、宇宙飞船等所必需的工程材料。碳纤维的复合材料还广泛用于机电、化工、交通运输等部门，如飞机的机身材料；还可用于制造体育用品，如高尔夫球拍、冰球杆、网球拍、滑雪板和赛船等。

(8) 芳纶装置

芳香族聚酰胺纤维简称芳纶，分为对位芳纶，即聚对苯二甲酰对苯二胺纤维，和间位芳纶，即聚间苯二甲酰间苯二胺。

对位芳纶的生产首先采用缩聚的方法由对苯二甲酰和对苯二胺合成聚对苯二甲酰对苯二胺，然后采用干喷-湿纺的液晶纺丝方法制取高强度、高模量的对位芳纶。

对位芳纶具有良好的耐化学性和耐热性，主要用于生产防弹产品、光纤缆绳、橡胶补强材料、纤维增强复合材料和摩擦密封件。

第三部分　现代煤化工及天然气化工

一、现代煤化工

煤化工是指以煤为原料，经过化学加工使煤转化为气体、液体和固体燃料以及化学品的过程。

煤化工包括传统煤化工和现代煤化工。传统煤化工主要包括煤的焦化，煤气化制甲醇，煤气化制合成氨及尿素，煤经电石制乙炔、氯乙烯、聚氯乙烯等产业链。

现代煤化工是以先进的煤气化技术为龙头的清洁煤基能源化工产业体系，主要包括煤液化生产油品、煤气化生产甲醇进而生产烯烃和芳烃、煤制天然气、煤制乙二醇等。与传统煤化工产业相比，现代煤化工装置规模大，技术含量高，能耗低，环境友好，产品附加值高，可以作为石油化工产品的补充。

煤化工产业链如图 3-1 所示，图中灰色标注的技术路线代表现代煤化工，其余技术路线是传统煤化工。

现代煤化工主要生产工艺有：

1. 煤气化

煤气化的目的是生产合成气，煤和氧气、水蒸气混合，在煤气化炉中发生不完全燃烧的热化学反应，生成粗合成气，其有效成分为一氧化碳和氢气，粗合成气经过变换反应和脱硫、脱二氧化碳等净化过程变成由一氧化碳和氢气组成的合成气，为满足下游生产甲醇、合成天然气、油品的要求，合成气中一氧化碳与氢气要分别调整到相应的比例。最新的技术研究还表明，合成气可直接转化成乙烯、丙烯等低碳烯烃。煤气化的原料与产品见图 3-2。

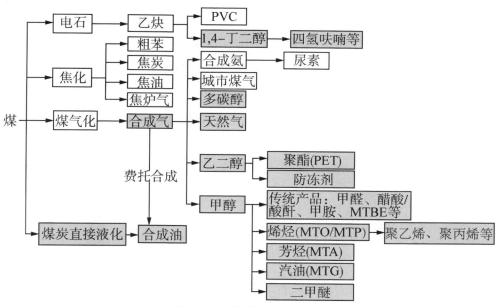

图 3-1　煤化工产业链

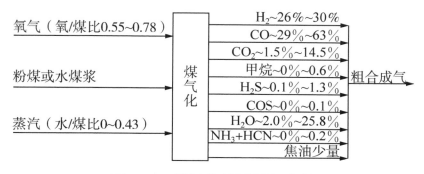

图 3-2　煤气化的原料与产品

注：1. 粗合成气中的各组分为体积分数，粗合成气组成与气化工艺选择(水煤浆汽化、粉煤气化)和煤质等密切相关；

2. 气化原料中氧气与蒸汽加入量与气化工艺密切相关。

煤气化技术的分类方法有很多，需要根据不同煤质选择相应的煤气化工艺，可分为固定床、流化床和气流床，如图3-3所示。气流床气化是现代煤化工企业普遍采用的煤气化技术。

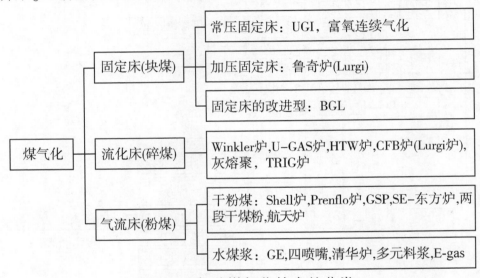

图3-3　各种煤气化技术的分类

注：1. 流化床气化的碎煤颗粒通常在6mm以下；

2. 气流床气化煤的颗粒通常小于0.1mm。

2. 水煤浆工艺

水煤浆气化的原料是水和粉煤制成的浆状液体，由55%~70%的煤粉、30%~45%的水和1%的化学添加剂，经过一定的工艺流程加工而成的性质稳定的液固混合物。生产工艺通常包括选煤、破碎、磨煤(加水和添加剂)、捏混、搅拌、过滤等工序。制备水煤浆的煤炭要求低灰分，有较好的成浆性。

3. 粉煤气化工艺

粉煤气流床气化是煤粉经过特殊结构的喷嘴直接喷入气化炉和气化剂发生反应的工艺过程，粉煤气化的特点是干粉进料、煤种适应性较广、气化温度高、碳转化率高、氧耗低。

气化用粉煤粒径 90% 小于或等于 90μm；小于 5μm 的不超过 10%；20~50μm 的占多数。加压下的煤粉表面积大，具有较好的流动性，可以采用气力输送。

粉煤气化包括磨煤和干燥、粉煤加压和输送、气化、除渣、除灰、合成气洗涤、灰水汽提和澄清等工序。

4. 煤的液化

也叫"煤制油"，是将煤经加工转化制取油品的过程。煤制油分为直接液化和间接液化两类。

煤的直接液化技术是指把细煤粉、具有供氢能力的循环溶剂及催化剂配成油煤浆，然后在高温高压条件下直接催化加氢，再经过分离和提质加工得到汽油、柴油、航空煤油等油品的过程。包括煤的破碎与干燥、油煤浆制备、加氢液化、固液分离、气体净化、液体产品分馏和精制以及制氢等部分。整个过程可分成油煤浆制备单元、液化反应单元和分离单元(如图 3-4 所示)。

煤的间接液化是以煤为原料先经气化制合成气($CO+H_2$)，再经催化合成，得油品的过程，合成气制油的反应通常用二位

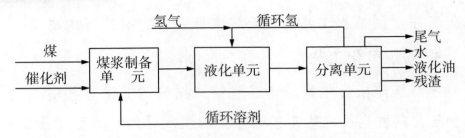

图 3-4　煤直接液化工艺流程简图

发明者英文名字的第一个字母命名，称为费-托(F-T)合成反应。煤间接液化合成油的典型工艺流程见图 3-5。煤在气化炉中经过部分氧化生产粗合成气，在变换单元调整 H_2/CO 比，经脱除 H_2S 等物质后，进行 F-T 合成，所得产物经加工改质后即可得到汽油、柴油、煤油、蜡等，尾气经分离得到低碳烯烃，可经齐聚反应增加油品收率，也可重整为合成气返回，弛放气可用于燃烧或发电等，水相分离可得含氧化合物。

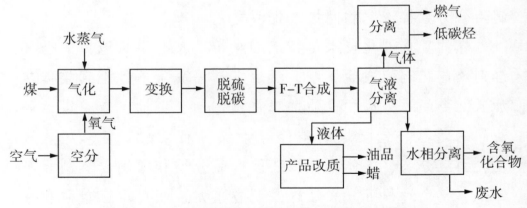

图 3-5　煤间接液化合成油的典型流程

5. 甲醇合成

甲醇是最简单的饱和脂肪醇，分子式 CH_3OH，是重要有

86

机化工原料。现代煤化工通过甲醇生产乙烯、丙烯和芳烃，还可用于制造甲醛、醋酸、氯甲烷、甲氨、碳酸二甲酯等多种有机产品。

甲醇生产过程是将合成气中一氧化碳与氢气的分子比调整到一定值后送入合成反应器，在催化剂作用下合成甲醇。

甲醇生产工艺分高压法、中压法和低压法。

6. 煤/甲醇制芳烃(MTA)

煤制芳烃是把煤先制成甲醇，以甲醇为原料，在催化剂的催化作用下，生产芳烃的过程。对二甲苯是消费量最大的芳烃产品，MTA 得到的芳烃是苯、甲苯、二甲苯的混合物，还必须经过一系列反应与分离过程，才能最大量得到对二甲苯。

7. 煤/甲醇制烯烃(MTO)

MTO 是甲醇气化加热后进入流化床反应器，在高温条件和专用催化剂的作用下，快速转化为乙烯、丙烯、水和少量碳四以上烃类的过程。从反应器出来的气体经回收能量、冷却、压缩、碱洗、干燥后，在低温下用精馏的办法得到聚合级的乙烯、丙烯，MTO 的原料与产品见图3-6，MTO 典型的工

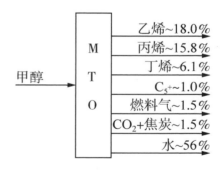

图 3-6　MTO 的原料与产品

注：MTO 的产品分布为质量分数，与催化剂的性能相关，也可通过工艺条件的调整适当调节乙烯与丙烯的比例。

艺流程示意见图 3-7。

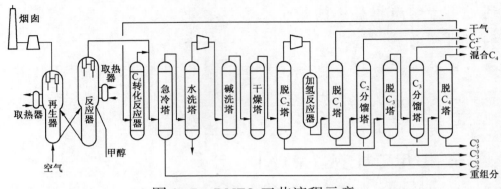

图 3-7 DMTO 工艺流程示意

8. 煤/甲醇制丙烯(MTP)

MTP 是甲醇气化加热后先后进入固定床预反应器和主反应器，在高温条件和催化剂作用下，甲醇转化成丙烯、水，同时生成一定量汽油和少量乙烯的过程。从反应器出来的气体经回收热量、冷却、分水、压缩、精馏提纯得到聚合级丙烯，MTP 的原料与产品见图 3-8，工艺流程见图 3-9。

图 3-8 MTP 的原料与产品

注：MTP 的产品分布为质量分数，与催化剂性能有关。

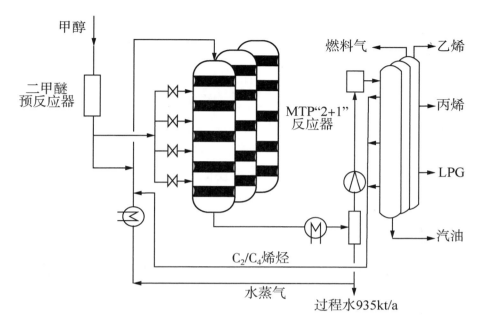

图 3-9　Lurgi 公司的 MTP®工艺流程

9. 煤制乙二醇

该工艺是以煤为原料，通过气化、变换、净化及分离提纯后分别得到高纯度的 CO 和 H_2，甲醇、一氧化氮与氧气发生氧化酯化反应生成亚硝酸甲酯，CO 和亚硝酸甲酯进行催化偶联反应生成草酸二甲酯和一氧化氮，一氧化氮返回氧化酯化过程，草酸二甲酯精制后再与 H_2 进行加氢反应并通过精制获得聚酯级乙二醇(见图 3-10)，加氢反应得到的甲醇精制后循环利用。

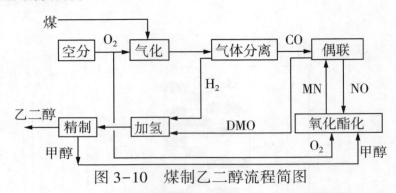

图 3-10　煤制乙二醇流程简图

注：MN 为亚硝酸甲酯的简称，DMO 为草酸二甲酯的简称。

10. 煤制天然气

与煤制油、煤制甲醇相比，煤制天然气工艺流程较短，在能效、节水、CO_2 排放等方面具有优势。发展煤制天然气是煤炭清洁利用，弥补我国天然气不足的一种选择。

煤气化得到的粗合成气，经变换、净化（低温甲醇洗）和甲烷化处理，即可生产合成天然气，图 3-11 是典型工艺流程简图。

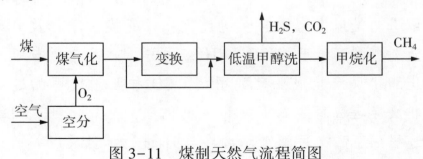

图 3-11　煤制天然气流程简图

二、天然气化工

天然气化工是以天然气为原料生产化学产品的工业。天然气化工主要有两条路径，一是天然气乙炔路径，二是天然气合成气路径。甲烷氧化偶联制乙烯技术正在开发中。天然气化工主要路径及下游产品如图3-12所示。

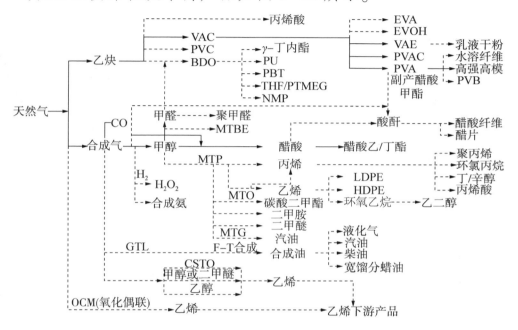

图3-12 天然气化工主要路径及下游产品示意图

天然气化工最主要的工艺过程是先把天然气转化为合成气，再将合成气转化成化学品。主要工艺技术如下：

1. 天然气制乙炔

天然气制乙炔是在专用反应器中(乙炔炉)利用天然气部分燃烧产生的热量将另一部分天然气加热到1500℃，甲烷快速裂解为乙炔和氢气的过程，乙炔炉出来的气体经过快速冷却和分离得乙炔，同时得到大量 CO 和 H_2，可作为合成甲醇的原料。天然气部分氧化法制乙炔的工艺如图 3-13 所示。

天然气 → 脱硫 → 氧化裂解 → 压缩 → 乙炔提浓

图 3-13　天然气部分氧化制乙炔工艺示意图

我国天然气资源不足价格高，天然气生产乙炔后再深加工生产化工产品，经济性差。国家《天然气利用政策》又明确把天然气制乙炔列为限制类项目，天然气化工在我国发展缓慢。

2. 天然气制氢

天然气制氢的工艺过程有：①原料气脱硫处理；②蒸汽转化，即以水蒸气为氧化剂，在镍催化剂的作用下将天然气转化为含有 CO 和氢气的转化气；③CO 变换，CO 在催化剂的作用下，与水蒸气反应生产 CO_2 和 H_2；④氢气提纯，变换气经过变压吸附(PSA)脱除 N_2、CO、CH_4、CO_2 等杂质，得到高纯度氢气。

天然气制氢工艺如图 3-14 所示。

天然气 → 脱硫 → 蒸汽转化 → 变换 → 变压吸附 → 氢气

图 3-14　天然气制氢工艺示意图

世界上约一半氢气是通过天然气蒸汽重整工艺生产的。天然气制氢技术的发展趋势是制氢装置大型化，不断降低能耗物耗，开发高效、耐用的催化剂，保持装置长周期稳定运行等。

随着国内油品质量升级换代，炼油厂耗氢量不断上升，在煤制氢受控的地区天然气制氢是一种比较好的选择。

3. 天然气制甲醇等化学品

天然气和煤一样，都可以在气化炉内通过非催化部分氧化生成粗合成气，而后采用同样的技术加工精制进而合成甲醇，再用甲醇生产乙烯、丙烯，也可用 CO、H_2 去生产油品、乙二醇及其他化学品。

第四部分　石油化工环保

近年来，随着经济的快速发展，环境形势日益严峻，国家密集出台相关政策法规，环保标准和要求日趋严格。新《环境保护法》强化了企业主体责任，加大了处罚力度；气、水、土三大污染防治行动计划，对石化企业提出明确的环保要求；《石油炼制工业污染物排放标准》和《石油化学工业污染物排放标准》控制指标由过去几项增加到几十项，石化企业污染物排放标准大幅提高，如：催化裂化再生烟气氮氧化物排放浓度由 240mg/L 调整为 100~200mg/L；硫黄回收装置尾气二氧化硫排放浓度由 960mg/L 调整为 100~400mg/L；废水 COD 排放浓度由 60~120mg/L 调整为 30~60mg/L；《石油化工行业挥发性有机物整治方案》对 VOC 治理也提出具体要求；石化企业环境保护工作压力越来越大，污染治理技术的研发和推广也日趋迫切。

一、大气污染物防治

石化行业排放的废气主要有挥发性有机废气（VOC）、恶臭气体、烟气、酸性气以及温室气体等，污染物的种类主要包括挥发性有机物、硫化物、NO_x、SO_2、颗粒物等。按废气排放方式可分为有组织排放和无组织排放，见表 4-1。

表 4-1 石油石化行业废气排放

种 类	产生环节
有组织排放	加热炉、锅炉燃烧废气、催化裂化再生烟气、焦化放空气、氧化沥青尾气、硫黄回收尾气、焚烧炉烟气等
无组织排放	装卸油操作、油品储存过程中的挥发、设备管道阀门泄漏、敞口储存的物料、污水废渣、废液的挥发、装卸催化剂颗粒物污染等

石化企业大气污染防治要从源头控制，采用清洁生产工艺，使用清洁燃料，提高能源利用效率；加强污染管控，从源头上减少三废排放，同时要不断提高污染治理技术水平。根据去除污染物的种类不同，大气污染物治理技术主要有脱硫技术、脱硝技术、脱硫脱硝一体化技术、除尘技术、脱汞技术、硫化氢处理技术等。主要技术介绍如下：

1. 脱硫技术

石化企业排放二氧化硫废气的污染源有两类：一是工艺废气，如催化裂化再生烟气、硫黄装置尾气；二是燃烧废气，如加热炉烟气、燃煤锅炉烟气等。工艺废气脱硫技术主要有催化裂化硫转移助剂脱硫及干法或湿法脱硫技术；燃烧废气中二氧化硫排放控制途径主要有选用低硫燃料、在炉内喷钙脱硫、燃烧后脱硫。主要脱硫技术对比见表 4-2。

2. 脱硝技术

烟气脱硝技术是通过还原剂把烟气中的 NO_x 还原成 N_2 的一种技术，包括选择性催化还原法（SCR）、选择性非催化还原法（SNCR）及综合法（SNCR+SCR），常用还原剂包括液氨、氨水和尿素。在催化裂化烟气脱硝中，由于余热锅炉炉膛温度较低，脱硝技术以 SCR 居多。燃煤锅炉控制 NO_x 排放的技术手段有采用低氮燃烧火嘴往炉膛中喷入还原剂和在烟道上设置 SCR，这些技术可单独或组合使用。

表 4-2   烟气脱硫技术

处理对象	脱硫技术	技术特点
催化裂化烟气	湿法洗涤烟气除尘脱硫一体化技术	采用强碱（NaOH）作为脱硫吸收剂，在脱除颗粒物的同时脱除 SO_x，除尘脱硫后产生高含盐废水（主要成分为硫酸钠、亚硫酸钠和硫酸氢钠），经装置内废水预处理装置处理达标后直接排放或排至污水处理场。该方法工艺相对简单，操作方便，但存在含盐废水二次污染问题。此技术在催化裂化烟气除尘脱硫中应用较多
	可再生法烟气脱硫技术	采用湿法洗涤除尘、吸收剂脱硫和解吸并回收 SO_2 送至硫黄回收装置生产硫黄，再生吸收剂作为贫液返回吸收系统再循环利用
锅炉烟气	石灰/石灰石-石膏法	以石灰或石灰石的浆液作为脱硫剂，在脱硫塔内对二氧化硫烟气喷淋洗涤，使烟气中的二氧化硫反应生成亚硫酸钙，经与鼓入的空气进行氧化反应，生成硫酸钙，离心脱水后形成石膏。 石灰石-石膏法脱硫技术适用的煤种范围广、脱硫效率高、吸收剂利用率高、可靠性高、脱硫剂来源丰富且廉价，但占地面积较大、脱硫副产的石膏综合利用较困难

续表

处理对象	脱硫技术	技术特点
锅炉烟气	氨法	氨法采用氨水作为脱硫吸收剂，与进入脱硫塔的烟气接触混合，烟气中的二氧化硫与氨反应生成亚硫酸铵，经与鼓入的空气进行氧化反应，生成硫酸铵溶液，结晶、干燥后得到硫酸铵副产品。 氨法脱硫工艺一次性投资较高，但副产物硫酸铵有一定的收益，可抵消部分的运行成本，同时不向环境中排放废水，是当前烟气脱硫的热点技术
	双碱法	双碱法用碱金属盐类(如钠盐)的水溶液吸收二氧化硫，然后在另一个反应器中将吸收了二氧化硫的吸收液再生，再生后的吸收液返回脱硫塔循环，二氧化硫以亚硫酸钙和石膏的形式沉淀出来。该技术流程较长，长周期运行较难，应用业绩不多
	循环流化床半干法	循环流化床半干法脱硫技术以生石灰或消石灰作为吸收剂，与除尘器捕集下来的具有一定碱性的循环飞灰混合增湿后注入反应器，使之均匀地分布于热态烟气中，吸收剂表面水分被蒸发，烟气得到冷却，湿度增加，烟气中的 SO_2、HCl 等酸性组分被 $Ca(OH)_2$ 吸收生成副产物 $CaSO_3 \cdot 1/2H_2O$ 和 $CaCl_2 \cdot 4H_2O$，被除尘器捕集下来的脱硫副产物和未反应完全的吸收剂再部分注入混合增湿装置，并补充新鲜吸收剂后进行再循环

SNCR 技术是将还原剂(如氨水、尿素)喷入炉膛，在 850~1100℃ 温度区域和没有催化剂的条件下，NH_3 与 NO_x 进行选择性非催化还原反应，生成 N_2 与 H_2O。SCR 技术是将还原剂(如氨水、尿素)喷入锅炉烟道内，在催化剂作用下，

NH_3 与 NO_x 进行选择性催化还原反应生成无害的 N_2 和 H_2O。SCR 技术脱硝率高于 SNCR 技术。

3. 脱硫脱硝一体化技术

脱硫脱硝一体化技术是指将脱硫和脱硝融合在一个工艺流程中同时去除 SO_x、NO_x 的方法。主要的脱硫脱硝一体化技术有臭氧氧化+湿法脱硫技术、SNCR+臭氧氧化+湿法脱硫技术、RESN 催化裂化烟气脱硫脱氮技术和活性焦脱硫脱硝一体化技术等，具体介绍如下：

（1）臭氧氧化+湿法脱硫技术

臭氧氧化+湿法脱硫技术是在烟气进入脱硫塔前，利用臭氧强制氧化烟气中的 NO 和 NO_2，使其转化为易溶于水的 N_2O_5，在脱硫塔里溶于水生成硝酸和亚硝酸，再与湿法脱硫塔中循环浆液中的吸收剂氢氧化钠、石灰水、氨水等碱液反应生成盐，同时脱除 SO_2 和 NO_x。

（2）SNCR+臭氧氧化+湿法脱硫技术

SNCR+臭氧氧化+湿法脱硫技术是考虑到 NO_x 浓度较高时，首先在锅炉炉膛内采用 SNCR 脱硝技术，降低烟气 NO_x 浓度，再采用臭氧氧化+湿法脱硫技术一次性脱除 SO_2 和 NO_x，由于 NO_x 浓度高时，采用臭氧氧化运行成本较高，因此前端采用 SNCR 脱硝技术，以降低运行成本。

（3）活性焦干法脱硫脱硝一体化技术

活性焦脱硫脱硝除尘一体化技术是在移动床中利用活性焦进行吸附脱硫并在移动床后段喷入少量氨气脱硝的技术。

装置主要包括吸附脱硫脱硝单元、氧化硫解吸及回收利用单元。该技术脱硝率一般在 40% ~ 60%，采用二段移动床，第一段脱硫、第二段脱硝，脱硝率可达 80%，同时具有脱除烟气中少量颗粒物和汞的能力，脱汞率可达 90%，活性焦磨损产生的少量焦粉可当燃料使用，但投资成本相对较高。在钢铁行业及煤电站有长周期运转业绩。

4. 除尘技术

常用的除尘技术主要有低（低）温静电除尘、布袋除尘、电袋除尘、旋转电极除尘和湿式静电除尘。随着环保标准的提高，常用的静电除尘技术已不能满足要求，逐步被效率更高的湿法除尘或布袋除尘所替代。主要除尘技术特点见表 4-3。

表 4-3　主要除尘技术特点

技术名称	技术原理及特点
低（低）温静电除尘	在静电除尘器前设置换热装置，将烟气温度降低到接近或低于酸露点温度，降低飞灰比电阻，减小烟气量，有效防止电除尘器发生反电晕，提高除尘效率
布袋除尘	含尘烟气通过滤袋，烟尘被黏附在滤袋表面，当烟尘在滤袋表面黏附到一定程度时，清灰系统抖落附在滤袋表面的积灰，积灰落入储灰斗，以达到过滤烟气的目的
电袋除尘	电袋除尘综合了静电除尘和布袋除尘的优势，前级采用静电除尘收集 80% ~ 90% 粉尘，后级采用布袋除尘收集细粒粉尘

技术名称	技术原理及特点
旋转电极除尘	将静电除尘器末级电场的阳极板分割成若干长方形极板，用链条连接并旋转移动，利用旋转刷连续清除阳极板上粉尘，可消除二次扬尘，防止反电晕现象，提高除尘效率
湿式静电除尘	将粉尘颗粒通过电场力作用吸附到集尘极上，通过喷水将极板上的粉尘冲刷到灰斗中排出。同时，喷到烟道中的水雾既能捕获微小烟尘又能降低电阻率，利于微尘向极板移动

5. 脱汞技术

烟气脱汞技术包括吸附剂法、化学氧化法和利用现有设备与技术控制汞排放法三种。吸附剂法是目前最成熟的一种烟气脱汞技术，常用的脱汞吸附剂有活性炭类吸附剂、钙基吸附剂、矿物类吸附剂以及各种新型吸附剂；化学氧化法主要利用氧化物将烟气中的单质汞氧化成 Hg^{2+} 后，再进行脱除；湿式石灰石–石膏法在脱硫的同时，可有效脱除易溶于水的 Hg^{2+}；活性焦干法脱硫脱硝一体化技术可以在脱硫脱硝的同时实现脱汞。

6. 含硫化氢气体处理技术

石油、天然气加工或煤化工等生产过程中，原料中的硫元素或硫化物在反应或分离时产生硫化氢气体，对于量大、浓度较高的含 H_2S 气体，一般采用三级 Claus 加一级 SCOT 工艺，即在燃烧室将硫化氢部分转化为二氧化硫，接着在催化剂作用下，硫化氢与二氧化硫反应生成单质硫，产生的尾气中的二氧化硫经过加氢还原吸收再次转化为硫化氢进行处理，尾气经过焚烧其中微量硫化氢后排放，近年来国家标准进一步提高，硫黄尾气需要采用进一步碱洗使二氧化硫浓度达到 100mg/m³ 以下；对于量小、浓度低的含 H_2S 气体，通常用吸附法处理。

7. 挥发性有机物(VOC)治理

VOC 是指常温常压下容易挥发的碳氢化合物及其衍生物，包括烃类、芳烃类、醇类、醛类、酮类、酯类、胺类、有机酸、有机卤化物、有机硫化物等。石化企业 VOC 主要来自污水集输和处理装置、物料(污水)储罐罐顶排放废气、物料装卸作业时放空气体、工艺尾气等。挥发性有机物在空气中会与氮氧化物发生光化学反应，生成臭氧，臭氧能氧化二氧化硫和氮氧化物生成硫酸盐、硝酸盐等细颗粒物，为了降低空气中 PM2.5 和臭氧含量，有必要控制 VOC 排放。

挥发性有机废气的治理根据废气中挥发性有机物浓度的高低，采取不同的处理措施，废气中挥发性有机物含量高应采用回收技术，常见的回收技术包括吸收、吸附、冷凝以及膜技术等，高浓度废气主要来自油品中间罐、污油罐、酸性水罐、脱硫醇尾气等；废气中挥发性有机物含量低时可采用直接燃烧、催化燃烧、蓄热燃烧等处理技术。

石化工厂装置法兰、机泵的泄漏是重要的 VOC 排放源，LDAR 检测可及时发现炼化装置的泄漏点，告示消除泄漏。最根本的消除生产装置 VOC 排放的办法是严格设计标准，确保法兰、垫片、螺栓机泵密封的供应质量和施工质量。

8. 恶臭气体

硫化氢、有机硫化物是炼化企业具有代表性的恶臭物质。恶臭气体排放源主要集中在有关生产装置的各种塔(器)放空口、污水集输和处理装置,常用的恶臭治理方法:氧化法(热力焚烧法、催化燃烧法、蓄热燃烧法、氧化剂氧化法)、洗涤吸收法、吸附法。

二、水污染防治

水污染是由有害化学物质造成水的使用价值降低或丧失,污染环境的水。污水中的酸、碱、氧化剂,以及铜、镉、汞、砷等化合物,苯、二氯乙烷、乙二醇等有机毒物,会毒死水生生物,影响饮用水源、风景区景观。污水中的有机物被微生物分解时消耗水中的氧,影响水生生物的生命,水中溶解氧耗尽后,有机物进行厌氧分解,产生硫化氢、硫醇等难闻气体,使水质进一步恶化。废水从不同角度有不同的分类方法。据不同来源分为生活废水和工业废水两大类;据污染物的化学类别又可分无机废水与有机废水;也有按工业部门或产生废水的生产工艺分类的,如焦化废水、冶金废水、制药废水、食品废水等。

石油化工废水是在炼油和石油化工生产过程中产生的废水,其成分复杂、水质水量波动大,有的装置的废水如苯酚、PTA装置的废水污染物浓度高且难降解。石化行业废水本着清污分流、污污分流、污污分治、量质回用的治理原则，采用科学合理的工艺技术组合，达到一水多用、循环使用、污水回用、达标排放的目的。

根据石化企业各类装置排放的废水所含污染物种类的不同，将废水分为含油废水、含盐废水等，各种废水来源及污染物见表4-4。

表4-4 石油化工废水分类

废水类别	废水来源	污染物
含油废水	装置的油水分离器排水、油品水洗水、机泵轴封冷却水、地面冲洗水、油罐的切水及清洗水、初期含油雨水、化验室排水等，装置检修时设备的排空、吹扫、清洗排水	石油类、硫化物、氨氮、酚类化合物、SS以及COD等
高含盐含油废水	原油电脱盐脱水罐排水、部分炼油厂碱渣综合利用时的中和水、来自油品碱洗后的水洗水、催化剂再生时的水洗水等	无机盐类（主要）、游离碱、石油类、硫化物和酚类化合物等
含硫含氨废水	炼油厂催化裂化、催化裂解、焦化、加氢处理、加氢精制、加氢裂化等二次加工和精制装置中塔顶油水分离器、富气水洗、液态烃水洗、液态烃储罐切水以及叠合汽油水洗等装置的排水	硫化氢（主要）、酚、氰化物、石油类
高浓度有机废水	工艺生产过程中地面冲洗水、机泵及装置检修时排空、吹扫、清洗时的排水	COD

续表

废水类别	废水来源	污染物
高氨氮废水	合成氨装置的排水	氨氮（主要）、COD
含苯系物废水	芳烃及其衍生物生产装置排水	芳烃及其衍生物
含重金属废水	某些装置产生的含重金属废水	重金属
酸、碱废水	pH 值过高或过低的工艺污水	酸、碱
公用工程排水	循环水场排水、锅炉排污、制造纯水时的排放水及油罐喷淋冷却水等	受污染的程度较轻
厂区生活污水	生活辅助设施的排水	COD、SS

废水处理是将废水中所含的污染物质分离出来，或将其转化为无害物质，从而使废水得到净化的过程。废水处理一般分为预处理、生物处理、深度处理三个阶段，石化废水通常采用生物法作为核心处理工艺，为满足生物处理的进水水质要求而进行的处理过程称为预处理，为进一步净化水质在生物处理的基础上所开展的处理称为深度处理。特殊地区企业生产废水要做到零排放。

1. 预处理

石化废水预处理通常采用均质调节、中和、隔油气浮、汽提、吹脱、混凝沉淀、化学氧化等物理法和化学法，用以去除废水中的石油类、悬浮物或某些特定污染物，主要技术如下：

（1）隔油气浮

隔油是利用废水中悬浮物和水的密度不同而实现分离的

方法。废水中石油类物质主要以悬浮、乳化、溶解三种状态存在，呈悬浮状态的油品约占废水含油量的 60%～80%，常用隔油池去除悬浮状态的油，隔油池可兼作初沉池，去除粗颗粒等可沉淀物质，以减轻后续单元的处理压力。

气浮是向水中通入空气产生微细气泡，并投加浮选剂，使水中的细小悬浮物黏附于气泡上浮，进而形成浮渣以去除。气浮既可以去除石化废水中呈乳化状态的油，也可以去除密度接近于水的微细悬浮颗粒状杂质，可用于活性污泥的浓缩，以及废水中悬浮杂质的去除，既可作为预处理，也可作为深度处理以确保水质符合相关标准要求。在气浮过程中，一般需要加入絮凝剂，通过吸附架桥作用，使微细悬浮颗粒物集聚成大颗粒物，而易于去除。

（2）汽提

汽提是向废水中通入蒸汽，使水中挥发性有毒有害物质按一定比例扩散到气相从而实现污染物从水中分离的方法。在石化企业中，常用汽提法处理含硫含氨废水，经汽提处理后废水中硫化氢、氨氮、酚、氰化物和石油类污染物可被大量去除。含芳烃类化合物(苯、甲苯及苯乙烯等)和醇醛类化合物的废水也可采用汽提法进行预处理，提取的污染物经冷凝分离后进入燃气管网焚烧处理，汽提后的废水再进入污水处理系统进行处理。

（3）混凝沉淀

混凝沉淀是向水中加入絮凝剂，使水中胶体粒子以及微小悬浮物聚集成大的絮体，从而被迅速分离沉降的过程。混凝沉淀可用于去除石化废水中的细小悬浮物，胶体微粒及乳化油，降低废水的浊度和色度等，混凝沉淀也可作为深度处理的一种技术，用于降低出水的 COD、SS 等指标，同时去除水中的磷、重金属等污染物。

（4）湿式氧化

湿式氧化是使液体中悬浮或溶解态有机物在液相水存在的情况下进行高温高压氧化处理的方法。湿式氧化分为湿式空气氧化（WAO）和催化湿式氧化（CWO）。在石化废水处理中，湿式氧化常用于炼油碱渣、乙烯碱渣的氧化处理。湿式氧化可将碱渣废水中的有机物、硫化物、酚等污染物在高温高压及催化剂的作用下氧化分解为二氧化碳、硫酸盐及可生物降解物质，显著降低出水 COD、硫化物和酚浓度，氧化后废水的可生化性得到较大改善后进入污水处理系统继续处理。

2. 生物处理

生物处理是将水中复杂有机物分解为简单物质的过程，同时去除部分氮、磷等物质。生物处理污水具有净化能力强、费用低廉、运行可靠等优点，是工业废水处理的主要方法。生物处理方法根据微生物对氧的需求不同，分为好氧生物处理和厌氧生物处理，好氧处理和厌氧生物处理中又主要分为活性污泥法和生物膜法。通常厌氧生物处理适用于高浓度难降解废水处理，好氧生物处理技术适用于低浓度废水处理。高浓度有机废水流程设置上多采用先厌氧后好氧的组合方式。

（1）好氧生物处理

好氧生物处理是在有氧条件下，微生物通过新陈代谢使有机污染物降解并转化为无害物质的过程。好氧活性污泥法是应用最广的废水处理技术，大多数石化企业都采用此方法进行生物处理，好氧活性污泥法有传统的活性污泥法、氧化沟、序批式活性污泥法（SBR）等多种形式，好氧生物膜法包括生物滤池、生物转盘，接触氧化和生物流化床等工艺形式。和活性污泥法相比，生物膜法的优点在于反应器内污泥浓度高，不会发生污泥膨胀，生物相更为丰富、稳定，产生的剩余污泥少，但生物膜法的缺点在于生物膜载体增加了系统的投资，附着于载体表面的微生物量较难控制，操作弹性差。在实际应用上，生物膜法也多作为深度处理工艺。

（2）厌氧生物处理

厌氧生物处理是在无氧的条件下，微生物通过新陈代谢使有机物降解的过程，又称厌氧消化或发酵，分解的产物主要是沼气和少量污泥。和好氧生物处理技术相比，厌氧生物处理具有能耗低、污泥产量低的优点，还能回收沼气能源。

厌氧生物处理适用于处理石化废水中高浓度有机废水。厌氧活性污泥法有普通消化池、厌氧接触消化池、厌氧污泥床（UASB）、厌氧颗粒污泥膨胀床（EGSB）等，厌氧生物膜法有厌氧生物滤池（AF）、厌氧流化床和厌氧生物转盘等，另外还有将厌氧泥法和厌氧生物膜法组合在一起的厌氧复合床反应器。厌氧微生物培养驯化周期较长，对有机物分解不彻底，还需进行后处理。

3. 深度处理

深度处理用于去除常规生物处理不能完全去除的难降解有机物，及可能导致水体富营养化的氮磷等植物性营养物质，以满足达标排放和回用的要求。深度处理可采用生物法、化学氧化法、吸附法及膜法等，石化行业主要应用技术如下：

（1）曝气生物滤池（BAF）

BAF 是好氧生物膜法的一种，其最大的特点是通过引入曝气和反冲洗，提高了生物量和生物活性，并同时具有生物氧化与截留悬浮物的功能，其后无需设置沉淀池。BAF 在石化污水提标改造中应用较多，可有效去除残留有机物并截留悬浮固体，对氮磷也有一定的去除效果。

（2）膜生物反应器（MBR）

MBR 是将膜分离技术与生物处理技术有机结合的组合型处理工艺，它综合二者的优点，通过膜分离装置实现高效的泥水分离，同时维持生物处理系统的高生物量。MBR 装置由膜组件、生物反应器和机泵等组成，膜组件相当于生化处理中的二沉池，常用的膜有微滤膜（MF）和超滤膜（UF），根据膜组件设置的位置，MBR 可分为分置式和一体式两种。MBR 因其有效的截留作用，可保留世代周期较长的微生物，实现对废水深度净化，同时硝化菌在系统内能充分繁殖，脱氮效果明显，出水水质标准高、稳定性好、结构紧凑。

（3）活性炭吸附

活性炭是一种优良的吸附剂，具有独特的孔隙结构、表面活性官能团、稳定的化学性能、能耐强酸、强碱和高压等优点，可有效去除废水色度、臭味和 COD 等。在废水的深度处理阶段，常利用活性炭去除生物处理后污水中溶解性有机物，及由酚、石油类等引发的臭味或有机污染物、铁、锰等形成的色度，活性炭还可用于去除汞、铬等重金属离子、合成洗涤剂、放射性物质、氯代烃、芳香族化合物及其他难生物降解有机物。

（4）臭氧氧化

臭氧氧化是指利用臭氧的氧化性对废水进行净化和消毒处理，是污水深度处理采用较多的一种氧化技术，在石化废水处理中有两种方式，一种是将有机物氧化成二氧化碳和水；另一种是将有机物氧化成能被微生物利用的化合物，即提高废水的可生物降解性，再辅以后续的生物处理。一般在生物处理出水后，采用气浮或过滤作为臭氧氧化前的预处理，用于去除水中残存的悬浮固体和胶体物质，然后采用BAF 对臭氧氧化后的部分有机物进行生物降解并截留残留的悬浮固体，形成了以气浮(或过滤)、臭氧氧化、BAF 为核心的深度处理组合工艺。

（5）膜分离

膜分离是利用特殊结构的薄膜对废水中的某些成分进行

选择性透过的一类方法的总称，常作为废水深度处理技术。用于废水处理的膜分离方法有微滤（MF）、超滤（UF）、纳滤（NF）和反渗透（RO）等。微（超）滤主要用于筛分 SS 和大分子物质；纳滤膜孔径介于超滤膜和反渗透膜之间，可脱除部分离子，截留钙、镁等；反渗透主要用于脱盐处理，可截留除水、CO_2 以外的所有成分，分离溶液中的溶剂和溶质，出水水质优良，可回用作冷却水或工艺用水循环利用。微（超）滤和反渗透组合的双膜工艺，在多个石化企业污水深度处理中成功应用。

4. 废水零排放

废水零排放是指企业的生产用水系统达到无废水外排。主要利用膜分离、蒸发结晶、干燥等物理、化学过程，将废水中的固体杂质（主要是盐）与水分离，分离后的盐作为副产品或固体废物处置，水返回生产系统循环回用。目前，废水零排放主要是在煤炭资源丰富但水资源匮乏、又缺乏纳污水体的区域，为解决煤化工废水出路问题所采取的措施，废水零排放一般采用高效反渗透或正渗透对含盐废水进行浓缩，再采用蒸发工艺使盐水进一步浓缩并结晶，实现固液分离。

（1）正渗透

正渗透利用水自发传递过选择性半透膜的性质，结合易于循环使用的驱动溶液，用于高含盐废水的浓缩，其具有能耗较低、对污染物截留分离效果好、膜抗污染性能较好、过程和设备简单等特点。

（2）蒸发结晶

蒸发结晶是通过蒸发把浓盐水进一步浓缩，满足结晶的需求，代表工艺包括多效闪蒸工艺（MSF）、多效蒸发工艺（MED）、机械压缩蒸发工艺（MVR）等。MSF 和 MED 为代表的热法浓缩技术消耗蒸汽量大，运行费用高，应用受到一定限制；MVR 通过对蒸发浓缩过程产生的二次蒸汽进行机械压缩后做为蒸发器的热源使用，减少蒸发浓缩过程蒸汽消耗，运行成本低，节能效果显著。

三、固体废物污染防治

石油化工生产过程中产生固体废物主要有储油罐底泥、污水处理过程中产生的污泥、废催化剂、废酸渣、废碱渣、蒸馏残渣、废白土、废吸附剂，锅炉灰渣、废石膏等。根据固体废物组成、物质特性，可分成一般固体废物、危险废物及待鉴别的固体废物。一般固体废物如炉灰炉渣、工业垃圾等；危险废物如罐底油泥、浮渣、碱渣等；待鉴别的固体废物指需根据国家规定的危险废物名录标准和鉴别方法确认的具有危险特性的废物，如污水处理产生的污泥、名录中未收入的废催化剂、废吸附剂、废干燥剂、废脱硫剂、废脱氯剂等。固体废物污染防治本着"减量化、资源化、无害化"的原则。

1. 固体废物资源化利用

资源化利用是通过对废物中有用成分进行回收、加工、循环利用或其他再利用，使废物直接变成产品或转化为能源及二次原料。如锅炉灰渣、废催化剂、废吸附剂用作建筑材料的生产原料，废碱渣回收环烷酸、粗酚，剩余污泥制肥料，含油污泥回收燃料油制备吸附剂等。固体废物的资源化利用具有回收资源、减少环境污染等优势，但也存在处置成本高、利用率低、技术复杂、部分技术仍处于研究阶段等问题。

2. 固体废物焚烧

焚烧处理是一种高温分解和高热氧化过程，可燃固体废物在充分供氧的条件下发生燃烧反应，使其氧化分解，转化为气态物质和不可燃烧的固态残渣，同时焚烧产生的热量在余热锅炉中被回收用于发电或供热。经过焚烧，固体废物的体积可减少 80%~90% 甚至更多。石化企业固体废物焚烧主要分两种，一种是以蒸馏或精馏过程中产生的釜底残渣为主，其有效组分高，杂质高，性黏稠，处理难度大；另外一种为油泥、污水处理厂的污泥。为减少焚烧能耗及运行维护成本，在焚烧之前需对固体废物进行处理，如破碎、脱水、干化等。焚烧能最大限度地实现减量化，效率高，节省占地，技术成熟可靠，但焚烧产生大量的废气和废渣，处理不当可造成二次污染，焚烧过程要特别注重对二噁英等致癌物质的控制。

3. 固体废物填埋

填埋处理需在固体废物进入填埋场之前，依据《国家危险废物名录》中有关规定对其进行分类。在填埋过程中，对于一般固体废物和危险废物需要区别对待，需分别满足《生活垃圾填埋场污染控制标准》和《危险废物填埋污染控制标准》的要求。

四、土壤和地下水污染防治

土壤和地下水污染是全世界共同关注的问题，也是我国当前面临的重要环境保护问题。2016 年国务院发布《土壤污染防治行动计划》，将石油加工业列为土壤污染防治重点监管行业之一，同时把石油烃等行业特征污染物列为土壤重点监测内容之一。

土壤和地下水的介质特性决定了其污染具有隐蔽性、滞后性、累积性、不可逆转性和难治理等特点，且二者有着不可分割的联系。石化行业土壤和地下水污染主要来自埋地管线和储罐的物料泄漏、污水集输系统泄漏、日常跑冒滴漏、非正常工况排放、固体废物(包括危险废物)处置不当等。土壤和地下水的污染防治应从源头抓起，按规范做好防渗、强化本质环保、严控跑冒滴漏、做好日常环保监管等。

土壤修复技术主要分为原位修复、现场修复和异位修复。石油烃污染常见的原位修复技术有土壤气相抽提、生物通风、原位化学氧化、双向抽提等；现场修复技术如土地耕作，可在原地对石油污染土壤进行翻耕通风，并适当添加营养物质、矿物质以促进生物降解，修复周期较长，适用于土壤污染程度较轻时；异位修复技术是将污染土壤挖掘后送到指定地点进行后续处理，并可通过封闭的系统设计控制废气排放。

地下水修复技术主要分为原位修复和异位修复。原位修复技术中较成熟的包括地下水曝气技术、可渗透反应墙修复技术和原位生物修复技术等；异位修复技术指在规划的位置安装抽水井，抽出被污染的地下水，进行处理后排入地表水处理系统，也可回注到地下。